面向新工科物联网专业“十四五”系列教材

物联网 Web应用技术

田美艳　何骥鸣　王智国　钟绵虎◎主编

WU LIAN WANG

WULIANWANG Web
YINGYONG JISHU

中国铁道出版社有限公司
CHINA RAILWAY PUBLISHING HOUSE CO., LTD.

内 容 简 介

本书主要阐述物联网环境的 Web 前端应用技术与实践，介绍了 HTML、CSS、JavaScript 和 Web 开发框架的功能案例，主要包括网页设计基础、HTML 基础、CSS 基础、CSS 网页布局、JavaScript 基础、JavaScript 事件处理、使用 JavaScript 设计脚本化 CSS、Bootstrap Web 开发框架等内容。

本书以原理铺垫，以任务驱动，帮助读者实现 Web 前端应用开发各项基本功能的学习与应用。本书力求在 Web 应用基本原理和实践应用等方面提供必要的信息，突出实际应用。

本书适合作为应用型本科和高职院校物联网工程、电子信息工程及相关专业的教材，也可作为 Web 前端开发技术人员学习的参考书和 Web 前端应用技术的培训教材。

图书在版编目（CIP）数据

物联网 Web 应用技术 / 田美艳等主编. -- 北京 : 中国铁道出版社有限公司, 2025. 5. --（面向新工科物联网专业“十四五”系列教材）. -- ISBN 978-7-113-31009-7

Ⅰ. TP393.4;TP18

中国国家版本馆 CIP 数据核字第 20256CW086 号

书　　名：物联网 Web 应用技术

作　　者：田美艳　何骥鸣　王智国　钟绵虎

责任编辑：荆　波　　**编辑部电话：**(010)51873202　　**电子邮箱：**the-tradeoff@ qq. com

封面设计：崔丽芳

责任校对：安海燕

责任印制：赵星辰

出版发行：中国铁道出版社有限公司（100054，北京市西城区右安门西街 8 号）

网　　址：https://www. tdpress. com/51eds

印　　刷：河北京平诚乾印刷有限公司

版　　次：2025 年 5 月第 1 版　2025 年 5 月第 1 次印刷

开　　本：787 mm×1 092 mm　1/16　**印张：**14　**字数：**349 千

书　　号：ISBN 978-7-113-31009-7

定　　价：59. 80 元

前言

本书是黄冈教育谷投资控股有限公司(以下简称“教育谷”)面向21世纪应用型本科学生、高职院校学生及对Web应用技术感兴趣的初学人士所开发的系列教材之一。本书以培养学生的应用能力为主要目标,理论与实践并重,并强调理论与实践相结合。通过校企双方优势资源的共同投入和促进,建立以产业需求为导向、以实践能力培养为重点、以产学结合为途径的专业培养模式,使学生既获得实际工作体验,又夯实基础知识,掌握实际技能,提升综合素养。因此,本教材注重实际应用,立足于应用型本科、高职的人才培养方向,结合教育谷培养应用型技术技能专业人才的核心目标。在内容编排上,本书将知识点项目化、模块化,采用任务驱动的方式安排项目,力求循序渐进、举一反三、通俗易懂,突出实践性和工程性,使抽象的理论具体化、形象化,真正贴合实际、面向工程应用。

本书根据物联网Web应用技术特点和行业对人才的知识、技能要求设计项目模块,包括基础篇、实践篇、拓展篇三部分,共分五个项目进行讲解。

项目一主要引导读者初步认知物联网Web应用技术,解析Web技术发展脉络和网络程序开发体系结构,掌握主流开发环境的搭建与配置方法。

项目二围绕家庭物联网场景,通过“家庭设备信息界面”“家庭照明控制界面”“家庭温湿度采集界面”的数据结构化展示与用户输入功能,提升页面内容构建能力。

项目三以界面视觉设计为核心,分层次讲解CSS技术。从内联/嵌入式样式表基础应用出发,深入CSS定位、盒子模型等核心机制,引入响应式设计理念,建立现代Web界面设计规范认知。

项目四以家庭环境控制为载体,贯通JavaScript核心语法与物联网功能实现,结合对象、计时事件、本地存储等高级特性,帮助读者掌握前端逻辑层开发核心技术。

项目五引入Bootstrap与jQuery框架,通过“安防报警系统界面”开发,实现多终端适配界面快速构建;利用Bootstrap插件(模态框、进度条)完成“温湿度调节界面”的参数配置弹窗与状态可视化;通过“家居光强调节界面”设计,运用jQuery选择器、事件处理与动画函数,优化用户交互体验。

各项目以“智能家居”真实场景为线索,通过“技术解析—案例开发—思考练习”的闭环设计,确保读者从理论认知到实战应用的阶梯式提升,全面掌握物联网Web应用开发中“页面构建—交互实现—框架整合”的全流程技术,精准匹配智能硬件Web端开发、物联网平台设计等岗位需求。

本书具有以下特点:

(1)实用性。以项目为基础,以模块为划分,采用任务实战的方式安排项目,架构清晰、组织结构新颖,先让学生掌握课程整体知识内容的框架,然后在不同项目中穿插实战任务,学习目标明确，实践场景丰富，培养效果好。

(2)校企融合。本书由一批具有丰富教学经验的高校教师和多年一线开发经验的工程人员共同编写，既解决了高校教师教学经验丰富但工程经验不足、编写教材时不免理论内容过多的问题，又解决了工程人员实战经验丰富但无法全面清晰阐述内容的问题，教材贴合实际，易于学习，实用性强。

(3)前瞻性。本书实践案例来自工程一线，案例新颖，实践性强。本书结合工程一线的真实案例，编写了大量实训任务和工程案例演练环节，帮助学生掌握实际工作中所需的各种技能，边做边学，在学校完成实践学习，提前接受职业技能素养培养。

本书既注重培养学生分析问题的能力，也注重培养他们思考、解决问题的能力，使学生真正做到学以致用。在本书的编写过程中，我们吸收了相关教材及论著的研究成果，在此，谨向 Web 技术学界的师友、同仁表示衷心的感谢！我们得到了黄冈教育谷投资控股有限公司领导的关心和支持，也得到了广大同事的无私帮助及家人的温馨支持，在此向他们表示诚挚的谢意。

本书由田美艳、何骥鸣、王智国、钟绵虎任主编。具体编写分工为：项目一和项目二由田美艳（厦门华天涉外职业学院）编写；项目三由何骥鸣（重庆城管职业学院）编写；项目四由王智国（重庆艺术工程职业学院）编写；项目五由钟绵虎（黄冈教育谷投资控股有限公司）编写。全书由田美艳统稿。

由于编者水平有限，书中难免存在不妥或疏漏之处，敬请广大读者批评指正。

编　者

2024 年 12 月

目 录

基础篇 Web网页的内容和布局解析

实践篇 Web 网页控制

拓展篇　Web 开发框架

基础篇

Web网页的内容和布局解析

引言

1989 年 **3** 月，蒂姆·伯纳斯·李（Tim Berners Lee）编写了第一份万维网项目开发计划。

1990 年，蒂姆·伯纳斯·李创建了 **Web**（万维网）。**Web** 使人们可以轻松地浏览网页内容，但它最初只是一种高度专业化的工具，主要供研究人员和学生使用。不过，这很快就发生了改变。

五年后（**1995** 年），**IE** 浏览器的出现，将 **Web** 带给了亿万受众。

互联网从一个不起眼的开始，在短短三十年内彻底改变了世界。

学习目标

1. 了解物联网体系架构和物联网 **Web** 前端开发的工作内容。

2. 掌握 **HTML**（**hypertext markup language**，超文本标记语言）的文本、图像、链接跳转、列表、框架、表格、布局和表单的使用。

3. 掌握 **CSS**（**cascading style sheets**，串联样式表）引用、**CSS** 基本样式、定位、盒子模型和响应式视图的使用。

知识体系

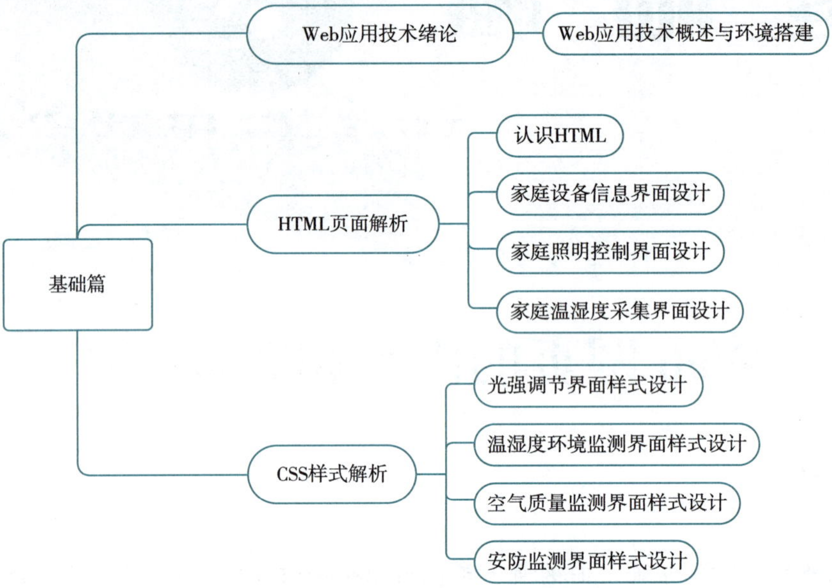
基础篇
Web应用技术绪论
Web应用技术概述与环境搭建
HTML页面解析
认识HTML
家庭设备信息界面设计
家庭照明控制界面设计
家庭温湿度采集界面设计
CSS样式解析
光强调节界面样式设计
温湿度环境监测界面样式设计
空气质量监测界面样式设计
安防监测界面样式设计

项目一 Web应用技术绪论

任务　Web 应用技术概述与环境搭建

任务描述

学习 Web 技术概述、发展历程、网络程序开发的体系结构、前端开发的工作内容和 Web 前端开发环境搭建。

任务目标

- 了解 Web 技术和发展历程。
- 了解网络开发的体系结构和前端开发的工作内容。
- 掌握 Web 前端开发环境搭建。

任务实施

一、Web 技术概述

Web 在计算机网页开发设计中的含义就是网页。网页是网站中的一个页面,我们平常浏览网站时,看到的都是一个一个的页面,通常它们都是 HTML 格式的。网页可以展示文字、图片、媒体等内容,而这些都是需要通过浏览器来阅读。

Web 应用程序大体上可以分为静态网站和动态网站两种。

早期的 Web 应用主要是静态页面的浏览,即静态网站。网站使用 HTML 编写,通常 HTML 代码生成后页面的内容和显示效果就不会发生变化了,除非修改页面代码。

用户使用浏览器通过 HTTP 请求服务器上的 Web 页面,Web 服务器接收到用户的请求处理后,再发送给客户端浏览器,显示给用户,整个过程如图 1-1 所示。

而动态网页则不然,页面代码虽然没有变,但是显示的内容却可以随着时间、环境或者数据库操作的结果而发生改变。这些网站通常使用 HTML 和动态脚本语言(如 JSP、ASP 或 PHP

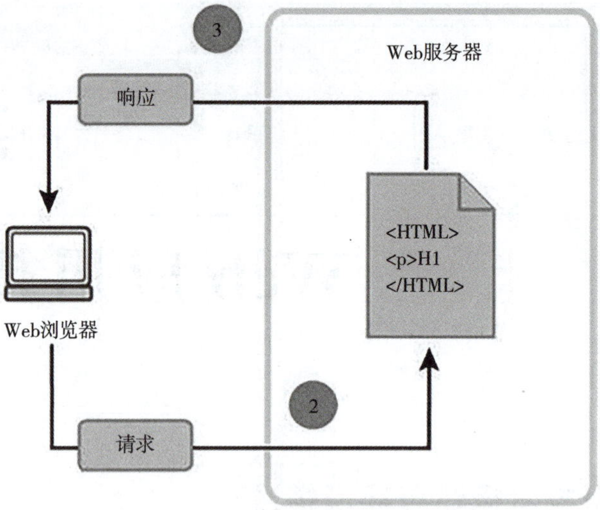

图 1-1　Web 应用程序工作过程

等)编写,并将编写后的程序部署到 Web 服务器上,由 Web 服务器推动脚本代码进行处理,并转化成浏览器可以解析的 HTML 代码,返回到客户端浏览器,显示给用户。

二、网络程序开发的体系结构

Web 网络程序开发的体系架构分为 C/S 架构、B/S 架构和混合架构三种。

(一)C/S 架构

C/S(client/server)架构是典型的两层架构(见图 1-2)。所有的显示和业务逻辑全部在客户端(胖客户端),而服务端负责提供数据。

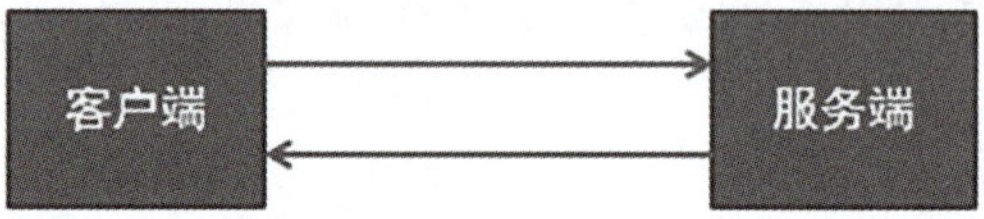

图 1-2　C/S 架构

(二)B/S 架构

B/S(browse/server)架构是典型的三层/多层架构(见图 1-3)。浏览器负责网页显示(瘦客户端),Web 服务器负责业务逻辑,数据放在数据库服务器。

图 1-3　B/S 架构

(三)混合架构

混合架构(见图 1-4)使用 Client(单独开发的客户端,而非通用的浏览器)替代 B/S 架构中的浏览器,如使用 Java 桌面程序(Java SE)或手机应用程序(Android App)向 Web 服务器发送 HTTP 请求。

图 1-4 混合架构

三、前端开发

在 Web 应用程序中,所有的程序逻辑都在 Web 服务器中,网页的交互功能极其有限,一般都是通过点击链接跳转到另一个网页。HTML 中也可以增加程序逻辑,提升用户体验,如浏览器中的插件(Flash)和 HTML5 的 JavaScript。

(一)网站/Web 项目开发工作流程

网站/Web 项目开发工作流程如图 1-5 所示。

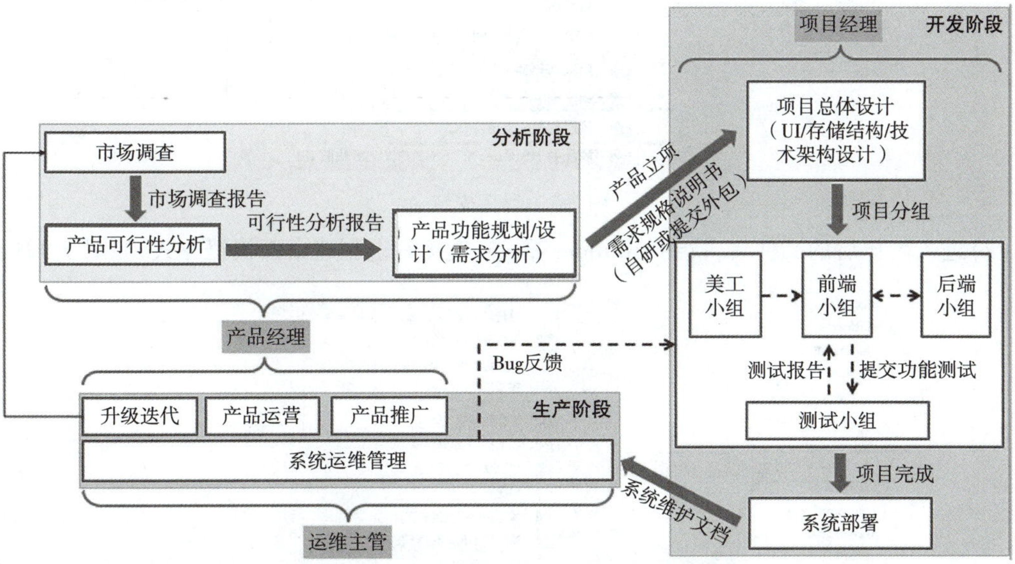

图 1-5 网站/Web 项目开发工作流程

(二)前端开发的工作内容

前端开发工作向上与美工结合,向下与后端开发(Java EE/PHP/ASP. NET 等)结合,实现 HTML 网页外观布局/动画/交互逻辑,通过 Ajax(异步 HTTP 请求)获取后端接口数据后将数据以网页的方式呈现,具体工作内容如图 1-6 所示。

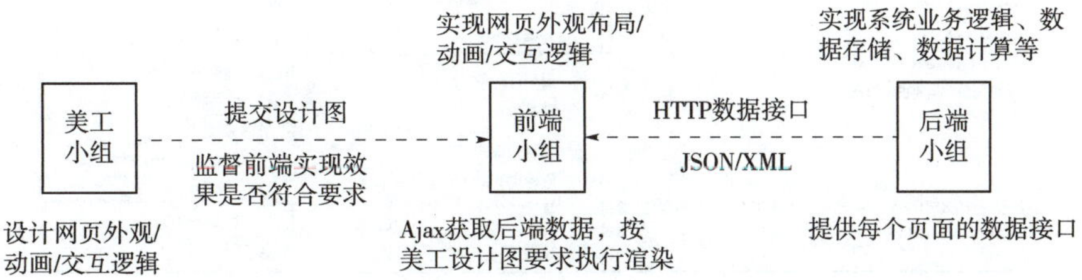

图 1-6 前端开发工作内容

四、Web 前端开发环境搭建

HBuilder 是 DCloud(数字天堂)推出的一款支持 HTML5 的 Web 开发 IDE。HBuilder 的编写用到了 Java、C、Web 和 Ruby。HBuilder 本身主体是由 Java 语言编写,它基于 Eclipse 开发,所以顺其自然地兼容了 Eclipse 的插件。HBuilder 的最大优势是运行速度快,通过完整的语法提示和代码输入法、代码块等,大幅提升了 HTML、js、CSS 的开发效率。

(一)HBuilderX 开发环境的安装

HBuilderX 安装软件可以在 HBuilder 官网免费下载。软件包下载或复制完成后,可按如下步骤进行安装。

(1)选中 HBuilderX 的 zip 包,右击,在快捷菜单中单击"解压到当前文件夹(X)"命令,如图 1-7 所示。(特别注意:解压过程中,不要中断解压。)

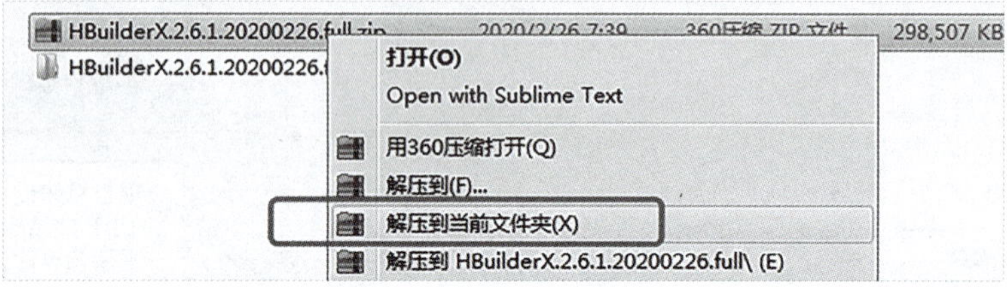

图 1-7　解压安装包

(2)进入解压后的文件夹,找到 HBuilderX. exe,直接右击创建桌面快捷方式,如图 1-8 所示。

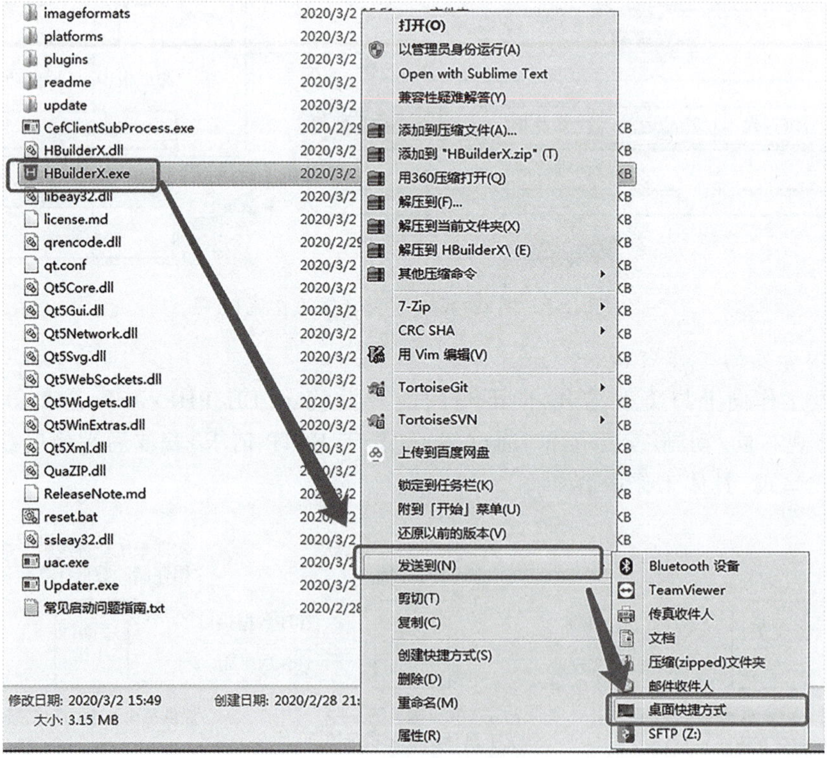

图 1-8　创建桌面快捷方式

大开眼界

物联网软件是在互联网环境下实现物与物、物与人直接交互的一类软件。物联网软件本质是传统工业控制组态软件的后续发展,但不是简单的升级关系。具备强大组态配置功能的物联网软件可以成为Web组态软件。Web组态软件类似于控制组态软件,都需要具备通信组态、监控画面组态、报警组态、控制组态、数据管理、数据分析应用等功能。但Web组态软件运行在互联网网络环境中,采用浏览器用户界面风格;而控制组态软件运行在工业控制网络中,采用Windows图形界面风格。Web组态软件以数据分析应用为重点,而控制组态软件则以现场控制为中心。

任务小结

通过本任务的学习和实践,可以了解到Web的概念、Web开发体系架构、Web在物联网行业中的应用、Web前端开发环境的搭建等知识,并通过实验学习安装HBuilder开发环境。

思考与练习

一、填空题

1. 中国第一个建设物联网的城市是________。
2. 物联网的体系架构有三层,分别是________、________和________。
3. 物联网的英文名称是________________________________。
4. W3C是指______________________。
5. 静态网页文件里只有______________,没有程序代码。

二、判断题

1.(　　)2005年11月17日,在突尼斯举行的信息社会世界峰会(WSIS)上,国际电信联盟(ITU)发布了《ITU互联网报告2005:物联网》,正式提出了"物联网"的概念。

2.(　　)中国科学院早在1999年就启动了传感网的研发和标准制定,与其他国家相比,我国的技术研发水平处于世界前列,具有同发优势和重大影响力。

3.(　　)物联网、泛在网、传感网等概念基本没有交集。

4.(　　)物联网不过是给互联网接上一个终端,没什么新的东西。

5.(　　)无线传感网(物联网)由传感器、感知对象和观察者三个要素构成。

6.(　　)传感器网络通常包括传感器节点、汇聚节点和管理节点。

7.(　　)我们通常说物联网的大规模性指的是两个方面。第一是物联网节点分布在很大的地理区域;另一个方面,传感器节点部署很密集。

三、选择题

1."智慧地球"是(　　)公司提出的。

A. Intel　　B. IBM　　C. TID　　D. Google

2. RFID 属于物联网的(　　)层。

A. 应用　　B. 网络　　C. 业务　　D. 感知

3. 物联网有四项关键性技术,(　　)能够接收物品"讲话"的内容。

A. 电子标签技术　　B. 传感技术　　C. 智能技术　　D. 纳米技术

4. 下列(　　)不属于物联网存在的问题。

A. 制造技术　　B. IP 地址问题　　C. 终端问题　　D. 安全问题

5. 2009 年 8 月 7 日,温家宝总理在江苏无锡调研时提出(　　)概念。

A. 感知中国　　B. 感应中国　　C. 感受中国　　D. 感想中国

四、简答题

1. 简述物联网体系架构。
2. 请列出物联网的十大应用领域。
3. 简述智慧农业应用有哪些?
4. 请列举物联网关键技术。
5. 说出生活中遇到的传感器有哪些?(至少 4 个)

实践活动:调研 HTML 开发环境现状

一、实践目的

1. 了解常用 HTML 开发环境有哪些?
2. 熟悉最为常用的 HTML 开发环境的搭建方法和使用方法(至少两种)。

二、实践要求

请通过调研、搜集网络数据等方式完成。

三、实践内容

1. 调研常用的 HTML 开发环境有哪些?
2. 调研两种最为常用的 HTML 开发环境的发展情况、最新版本号、使用安装方法。

开发工具:

版本:

特点:

提供商:

3. 分组讨论:汇总所有调研结果,选出两种最为常用的开发环境,讨论对比两种开发环境的优劣势,提出自己对这两种开发环境的看法。

项目二

HTML 页面解析

任务一　认识 HTML

任务描述

学习 HTML 系统知识之前需要先了解一下 HTML 的概念、HTML 的发展、HTML 的网页结构等。

任务目标

- 了解 HTML 的发展历程。
- 熟悉 HTML 的网页结构。
- 掌握创建项目及页面的方法。

任务实施

一、HTML 介绍

在万维网上的一个超媒体文档称之为一个页面(page)。用户打开浏览器时默认显示的网页称为主页(homepage)或首页,主页中通常包括指向其他相关页面或其他节点的指针(超级链接)。在逻辑上视为一个整体的一系列页面的有机集合称为网站(Website 或 Web)。

Web 页面也就是通常所说的网页。HTML 是一种规范和标准,它通过标记符号来标记要显示的网页中的各个部分。

HTML 是一种用于创建和设计网页的标准标记语言。可以使用 HTML 来建立 Web 站点,HTML 运行在浏览器上,由浏览器来解析。

HTML 的中文翻译为超文本标记语言,其中“超文本”就是指页面内可以包含图片、链接,甚至音乐、程序等非文字元素。网页文件本身是一种文本文件,通过在文本文件中添加标记符,可以告诉浏览器如何显示其中的内容(如文字如何处理、画面如何安排、图片如何显示等)。浏览器按顺序阅读网页文件，然后根据标记符解释和显示其标记的内容。

二、HTML 创建项目

使用 HBuilder 创建 HTML 项目，点击 HX 桌面快捷方式打开软件。

（一）新建项目

单击“文件”→“新建”→“项目”（按下【Ctrl+N+W】可以触发快速新建），如图 2-1 所示。

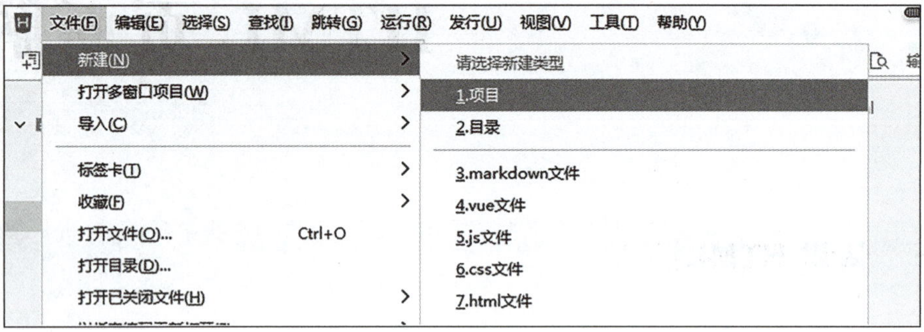

图 2-1　新建 Web 项目

如图 2-2 所示，请在 A 处填写新建项目的名称，B 处填写（或选择）项目保存路径（更改此路径 HBuilder 会记录，下次默认使用更改后的路径），C 处可选择使用的模板。

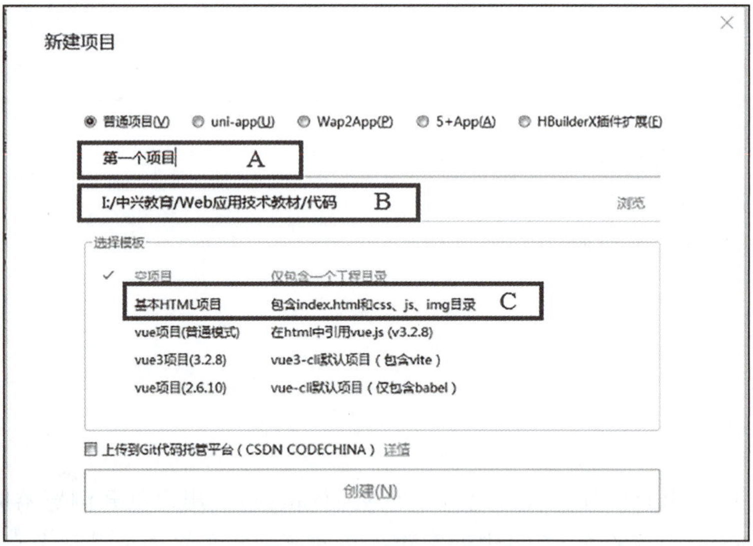

图 2-2　填写新建项目信息

（二）新建 HTML 页面

在项目资源管理器中选择刚才新建的项目，单击“文件”→“新建”，选择“HTML 文件”（按下【Ctrl+N+W】组合键可以触发快速新建；如为 MacOS 系统，则使用【Command+N】组合键，然后左击 HTML 文件），并选择空白文件模板，如图 2-3 所示。

（三）使用 HBuilder 代码块

在打开的 new_file. html 中输入 h，如图 2-4 所示。

按下数字【9】键自动生成 HTML 的基本代码，如图 2-5 所示。

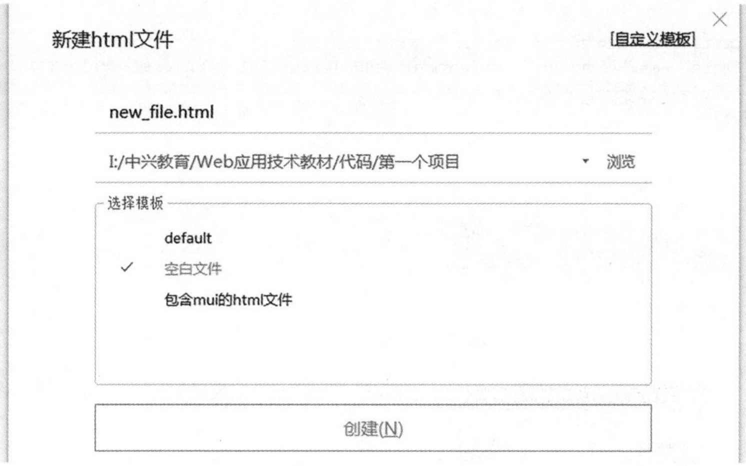

图 2-3　新建 HTML 页面

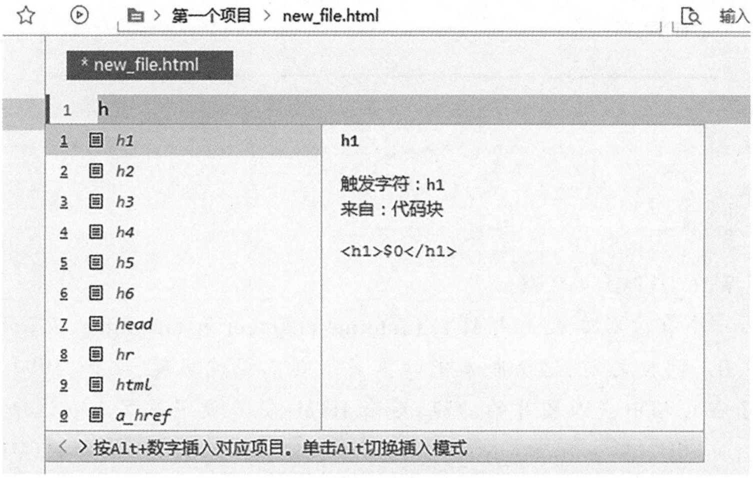

图 2-4　使用代码块

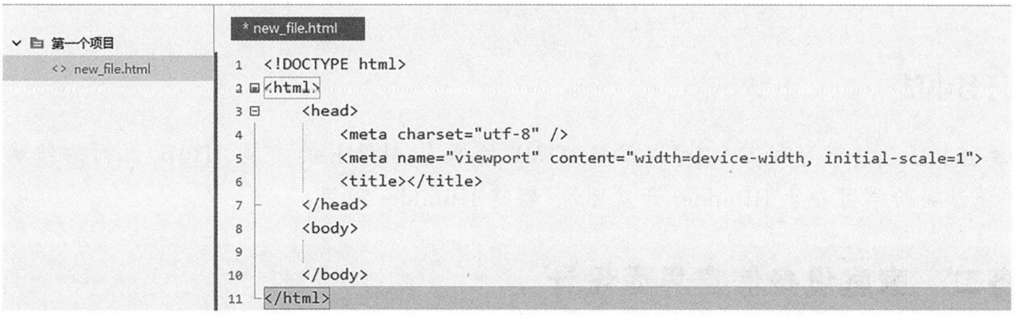

图 2-5　生成基本代码

(四)添加页面标题和内容

在基本代码中头部信息区域内加入页面标题“我的第一个网页”,如图 2-6 所示。

在基本代码中正文信息区域内加入页面内容“学习 HTML 页面”,如图 2-7 所示。

页面运行效果如图 2-8 所示。

```
<head>
    <meta charset="utf-8" />
    <meta name="viewport" content="width=device-width, initial-scale=1">
    <title>我的第一个网页</title>
</head>
```

图 2-6　插入页面标题

```
<body>
        <h1>学习HTML页面</h1>
        <p>我的网页内容。</p>
    </body>
</html>
```

图 2-7　插入页面内容

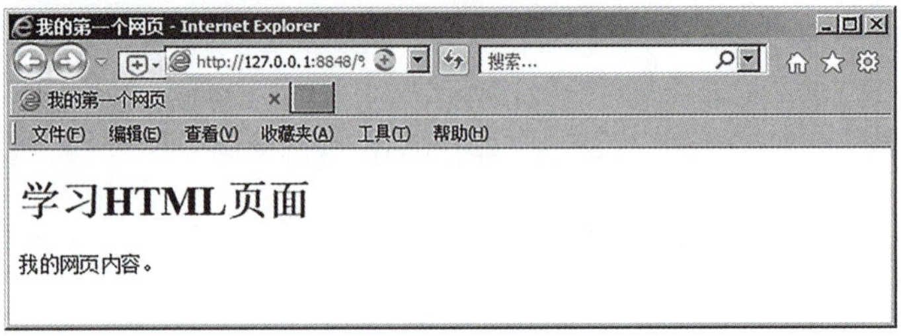

图 2-8　页面运行效果

大开眼界

从 IETF 到 W3C：HTML 4 之路

HTML 的第一个官方版本就是由 IETF（internet engineering task force，互联网工程任务组）推出的 HTML 2.0。问世之前，这个版本中的很多细则已经被实现，比如，1994 年的 Mosaic 浏览器已经实现了在文档中嵌入图片的功能，后来 HTML 2.0 便吸纳了 img 这个标签。

后来，W3C（world wide web consortium，万维网联盟）取代 IETF 成为 HTML 的标准组织。1990 年代后期，HTML 的版本被频繁修改，直到 1999 年的 HTML 4.01，至此，HTML 到达了它的第一个拐点。

任务小结

通过本任务的学习和实践，可以了解 HTML 的概念、HTML 的发展、HTML 页面的结构等知识，并通过实验学习安装 HBuilder 开发环境，新建 HBuilder 项目。

任务二　家庭设备信息界面设计

任务描述

学习 HTML 的标题和段落、图像显示、颜色配置等内容，完成家庭设备信息界面的设计与程序编写。

任务目标

- 掌握 HTML 的文本标签。
- 掌握 HTML 的图像显示。
- 掌握 HTML 的颜色配置。

任务实施

本任务将要学习的“家庭设备信息界面”样式如图 2-9 所示。

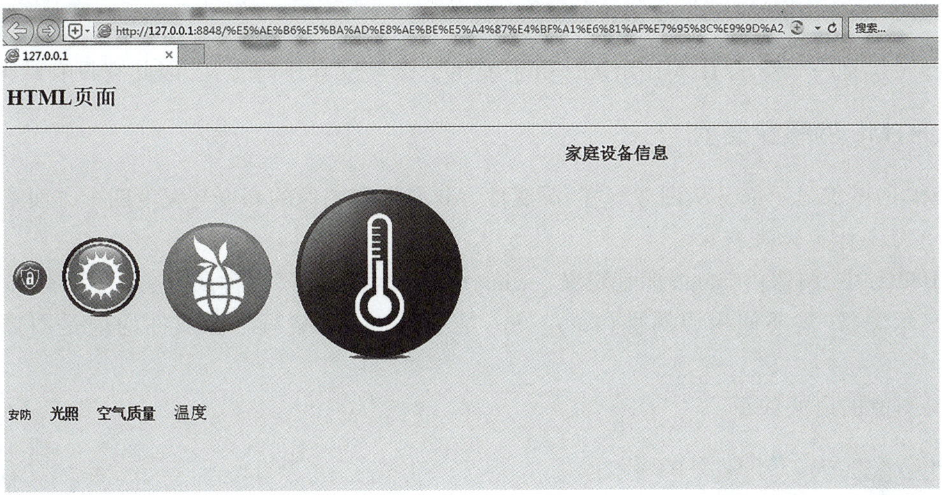

图 2-9　界面样式

界面中设计的各项内容如下：

- 界面背景颜色设置为浅粉色。
- 设置二级标题“HTML 页面”和三级标题“家庭设备信息”，绘制分隔线。
- 添加“安防”“光照”“空气质量”“温度”等文字图标。
- 设置段落分行，并添加“安防”“光照”“空气质量”“温度”等文字图标。

一、HTML 标题

在 HTML 文档中，标题很重要。通过<h1><h2><h3><h4><h5><h6>标签可以在网页上定义六种级别的标题。六种级别的标题表示文档的 6 级目录层级关系，比如说：<h1>用作主标题（最重要的），其后是<h2>（次重要的），再其次是<h3>，以此类推。搜索引擎会使用标题将网页的结构和内容编制索引，所以网页上使用标题是很重要的，示例代码如下：

```
<h1>这是一个标题</h1>
<h2>这是一个标题</h2>
<h3>这是一个标题</h3>
<h4>这是一个标题</h4>
<h5>这是一个标题</h5>
<h6>这是一个标题</h6>
```

二、HTML 段落

(一)认识 HTML 段落

HTML 可以将文档分割为若干段落。段落是通过<p>标签定义的,</p>为段落结束符。浏览器会自动在段落的前后添加空行,示例代码如下:

```
<p>这是一个段落。</p>
<p>这是另外一个段落。</p>
```

(二)认识 HTML 折行

如果希望在不产生一个新段落的情况下进行换行(新行),可以使用
标签,示例代码如下:

```
<p>这个<br>段落<br>演示了分行的效果</p>
```


元素是一个空的 HTML 元素。由于关闭空标签没有任何意义,因此它没有结束标签。

三、HTML 的图像显示

HTML 的图像显示部分从图像标签、源属性、Alt 属性和图像的高度与宽度四个方面来描述。

(一)图像标签和源属性

在 HTML 中,图像由<img>标签定义。<img>是空标签,它只包含属性,并且没有闭合标签。页面上显示图像,需要使用源属性(src)。Src 是“source”的缩写。源属性的值是图像的 URL 地址。

定义图像的语法如下:

```
<img src="url" alt="text">
```

以上语法中,“url”指存储图像的位置。如果名为“test. jpg”的图像位于 www. test. com 的 images 目录中,那么其存储位置(url)为 http://www. test. com/images/test. jpg。

浏览器将图像显示在文档中图像标签出现的地方。如果将图像标签置于两个段落之间,那么浏览器会首先显示第一个段落,然后显示图片,最后显示第二个段落。

语法中的“alt”属性用来为图像定义一串预备的可替换的文本。替换文本属性的值是用户定义的,如下:

```
<img src="test.jpg" alt="Test">
```

在浏览器无法载入图像时,替换文本属性会告诉用户失去的信息。此时,浏览器将显示这个替代性的文本而不是图像。为页面上的图像加上替换文本属性有助于更好地显示信息,并且对于使用纯文本浏览器的人来说是友好的。

(二)设置图像的高度与宽度

在 HTML 中设置图像的高度(height)与宽度(width),这两个属性值默认单位为像素。示例代码如下:

```
<img src="test.jpg" alt="Test" width="200" height="200">
```

四、HTML 的颜色配置

HTML 颜色由红色、绿色、蓝色混合而成。

下面我们来具体了解一下颜色值的概念及 HTML 的颜色配置。

HTML 颜色由一个十六进制符号来定义,这个符号由红色、绿色和蓝色的值组成(RGB)。

每种颜色的最小值是 0(十六进制:#00)。最大值是 255(十六进制:#FF)。图 2-10 给出了由三种颜色混合而成的具体效果。

颜色(Color)	颜色十六进制(Color HEX)	颜色 RGB(Color RGB)
	#000000	rgb(0,0,0)
	#FF0000	rgb(255,0,0)
	#00FF00	rgb(0,255,0)
	#0000FF	rgb(0,0,255)
	#FFFF00	rgb(255,255,0)
	#00FFFF	rgb(0,255,255)
	#FF00FF	rgb(255,0,255)
	#C0C0C0	rgb(192,192,192)
	#FFFFFF	rgb(255,255,255)

(图 2-10 彩色版)

图 2-10 HTML 的颜色配置

五、家庭设备信息界面设计

(一)添加家庭设备信息界面信息

家庭设备信息界面的页面显示内容代码将添加在前面生成的基本代码中,添加位置如图 2-11 所示。

```
<!DOCTYPE html>
<html>
    <head>
        <meta charset="utf-8" />
        <meta name="viewport" content="width=device-width, initial-scale=1">
        <title></title>
    </head>
    <body>

    </body>
</html>
```

箭头位置添加页面内容代码

图 2-11 页面内容代码及添加位置

家庭设备信息界面页面设计需要设置页面背景颜色、标题、页面图片显示、页面标题段落标签等内容。

1. 设置界面颜色

在代码中加入颜色设置语句,将页面背景颜色设置为浅粉色,如图 2-12 所示。

2. 设置标题

(1)添加二级标题“HTML 页面”

在代码中加入设置标题语句,加入“HTML 页面”标题,如图 2-13 所示。

```
<!DOCTYPE html>
<html>
    <head>
        <meta charset="utf-8" />
        <meta name="viewport" content="width=device-width, initial-scale=1">
        <title></title>
    </head>
    <body>
        <!-- 以下是页面显示的内容 -->
            <body bgcolor="antiquewhite"><!-- 设置页面背景为浅粉色 -->
    </body>
</html>
```

图 2-12　设置背景颜色

```
    <body>
        <!-- 以下是页面显示的内容 -->
            <body bgcolor="antiquewhite"><!-- 设置页面背景为浅粉色 -->
            <!-- 2级标题 -->
            <h2>HTML页面</h2>
    </body>
</html>
```

图 2-13　添加“HTML 页面”标题

(2)添加分割线

在代码中加入分割线，如图 2-14 所示。

```
    <body>
        <!-- 以下是页面显示的内容 -->
            <body bgcolor="antiquewhite"><!-- 设置页面背景为浅粉色 -->
            <!-- 2级标题 -->
            <h2>HTML页面</h2>
            <!-- 分割线 -->
            <hr/>
    </body>
</html>
```

图 2-14　添加分割线

(3)添加三级标题“家庭设备信息”

在代码中加入设置三级标题并居中显示语句，添加“家庭设备信息”标题，如图 2-15 所示。

```
    <body>
        <!-- 以下是页面显示的内容 -->
            <body bgcolor="antiquewhite"><!-- 设置页面背景为浅粉色 -->
            <!-- 2级标题 -->
            <h2>HTML页面</h2>
            <!-- 分割线 -->
            <hr/>
            <!-- 3级标题 居中显示 -->
            <h3 align="center">家庭设备信息</h3>
    </body>
</html>
```

图 2-15　添加三级标题

我们来看一下添加标题后的运行效果，如图 2-16 所示。

图 2-16　运行效果

3. 页面图片显示

在代码中添加图片显示语句，并设置路径、图片标题、图片宽度、对齐方式等，具体如图 2-17 所示。

```
<body>
    <!-- 以下是页面显示的内容 -->
        <body bgcolor="antiquewhite"><!-- 设置页面背景为浅粉色 -->
        <!-- 2级标题 -->
        <h2>HTML页面</h2>
        <!-- 分割线 -->
        <hr/>
        <!-- 3级标题 居中显示 -->
        <h3 align="center">家庭设备信息</h3>
        <!-- 图片显示 替换文本 标题title 图片宽度width 对齐方式align -->
        <img src="img/anfang.png" alt="安防" title="安防" width="50px" align="middle" />
        <img src="img/guangzhao.png" alt="光照" title="光照" width="100px" align="middle" />
        <img src="img/kongqizhiliang.png" alt="空气质量" title="空气质量" width="150px" align="middle" />
        <img src="img/wendu.png" alt="温度" title="温度" width="200px" align="middle" />
        <!-- 段落 -->
</body>
```

图 2-17　添加图片显示相关语句

4. 页面标题段落标签

在代码中添加段落/分行设置语句，具体如图 2-18 所示。

```
            <img src="img/wendu.png" alt="温度" title="温度" width="200px" align="middle" />
            <!-- 段落 -->
            <p>
                <!-- 分行 -->
                <br />
                <small>安防</small>    <!--  空格 -->
                <b>光照</b>    
                <strong>空气质量</strong>    
                <big>温度</big>    
            </p>
    </body>
</html>
```

图 2-18　添加段落/分行设置语句

（二）运行效果展示

HTML 页面编写完成后，可以通过浏览器查看页面，运行效果如图 2-19 所示。

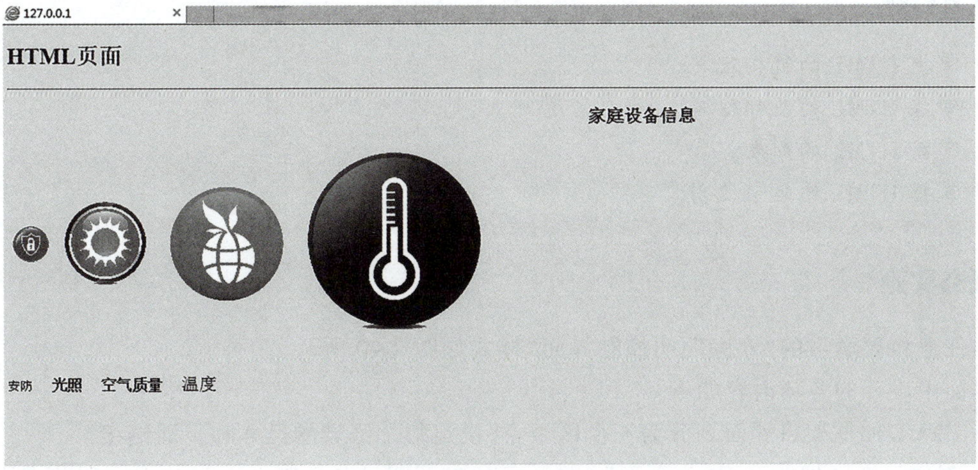

图 2-19　运行效果

大开眼界

XHTML1:XML 风格的 HTML

HTML 在 HTML 4.01 之后的第一个修订版本就是 XHTML 1.0,其中 X 代表 eXtensible(扩展),也有人将之解读为 eXtreme(极端)。XHTML 1.0 是基于 HTML 4.01 的,它并没有引入任何新标签或属性,唯一的区别是语法,HTML 对语法要求稍显宽松,而 XHTML 则要求 XML 般的严格语法。

使用严格的语法规范并非坏事,要求开发者使用单一的代码风格。比如,HTML4.01 允许使用大写或小写字母标识标记元素和属性,XHTML 则只允许使用小写字母。XHTML1.0 的推出刚好遇上了 CSS 的崛起,Web 开发设计者们开始意识到 Web 标准问题,基于 XHTML 的严格语法规范被视为编写 HTML 代码的最佳实践。

任务小结

通过本任务的学习,读者可以掌握 HTML 的标题和段落、图像显示、颜色配置,并能够运用这些知识制作简单的网页。

任务三　家庭照明控制界面设计

任务描述

学习 HTML 的链接、头部信息、列表、框架等知识内容,完成家庭照明控制界面的设计与程序编写。

任务目标

- 掌握 HTML 的链接跳转。
- 掌握 HTML 的头部信息。
- 掌握 HTML 的列表。
- 掌握 HTML 的框架使用。

任务实施

本任务将要学习的“家庭照明控制界面”样式如图 2-20 所示。

界面中设计的各项内容如下:

- HTML 的框架将界面划分为三个区域,并设定每个区域的尺寸和页面链接。
- 创建每个区域的页面“头页面”“左页面”“右照明设备控制页面”和“右照明状态页面”,并分别设置页面背景颜色。

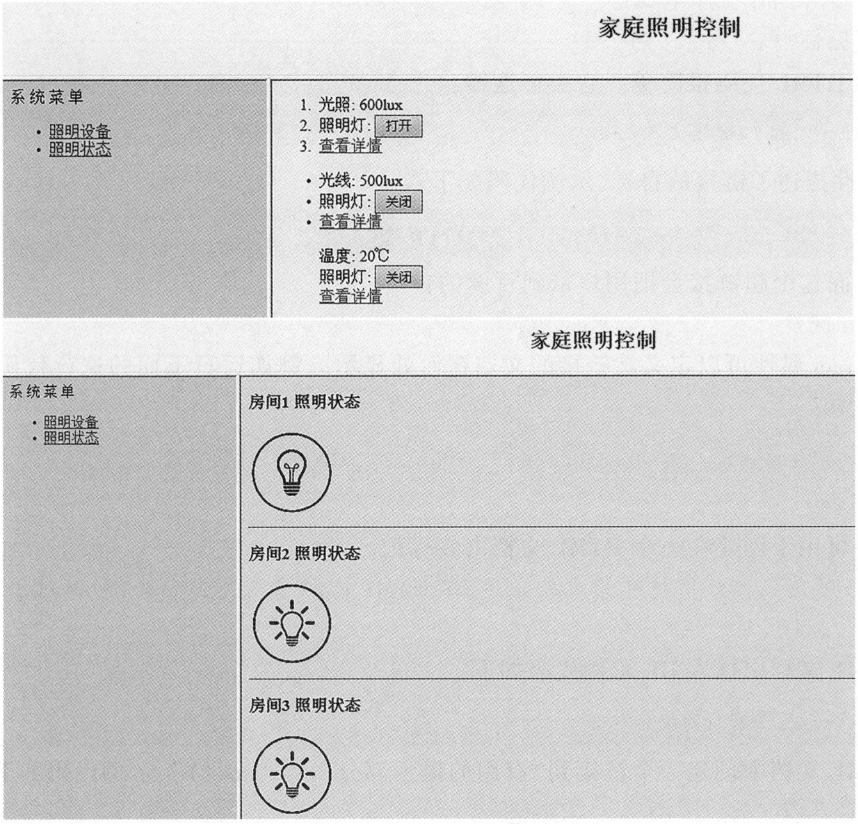

图 2-20 界面样式

- “左页面”添加无序列表“照明设备”和“照明状态”,并添加两个页面链接。
- “右照明设备控制页面”添加有序列表“光照:600lux”“关闭按钮”“查看详情连接”;添加无序列表“光线:500lux”“打开按钮”“查看详情连接”;添加自定义列表“温度:20 ℃”“照明灯关闭按钮”“查看详情连接”。
- “右照明状态页面”添加房间标题和状态图片。

一、添加 HTML 链接

HTML 使用超级链接与网络上的另一个文档相关联,点击链接可以从一张页面跳转到另一张页面。

(一)认识 HTML 超链接(链接)

HTML 使用标签<a>来设置超文本链接。超链接可以是一个字、一个词或者一组词,也可以是一幅图像,点击这些内容可以跳转到新的文档或者当前文档中的某个部分。当指针移动到网页中的某个链接上时,箭头会变为一只小手的图标。在标签<a>中使用 href 属性来描述链接的地址。

默认情况下,链接将以下面形式出现在浏览器中:

- 一个未访问过的链接显示为蓝色字体并带有下画线。
- 访问过的链接显示为紫色并带有下画线。
- 点击链接时,链接显示为红色并带有下画线。

(二)认识 HTML 链接语法

1. href 属性

链接的 HTML 代码很简单。它类似这样:

```
<a href="url">链接文本</a>
```

href 属性描述了链接的目标,示例代码如下:

```
<a href="https://www.baidu.com/">访问百度</a>
```

点击上面这个超链接会把用户带到百度的首页。

2. target 属性

使用 target 属性可以定义被链接的文档在何处显示。例如运行下面的这行代码中,会在新窗口打开网页:

```
<a href="https://www.baidu.com/" target="_blank">访问百度</a>
```

3. id 属性

id 属性可用于创建在一个 HTML 文档书签标记。

提示:书签是不以任何特殊的方式显示,在 HTML 文档中是不显示的,所以对于读者来说是隐藏的。

在 HTML 文档中插入 ID,示例代码如下:

```
<a id="tips">有用的提示部分</a>
```

在 HTML 文档中创建一个链接到"有用的提示部分(id="tips")",示例代码如下:

```
<a href="#tips">访问有用的提示部分</a>
```

或者,从另一个页面创建一个链接到"有用的提示部分(id="tips")",示例代码如下:

```
<a href="https://www.runoob.com/html/html-links.html#tips">
访问有用的提示部分</a>
```

二、HTML 头部信息

HTML 头部信息主要包含<title>、<base>、<link>、<style>、<meta>五个标签。

1. <title>标签

<title>标签在 HTML/XHTML 文档中是必须的,它定义了浏览器工具栏的标题,当网页添加到收藏夹时,显示在收藏夹中的标题,显示在搜索引擎结果页面的标题

我们来看一个简单的 HTML 文档,如下:

```
<!DOCTYPE html>
<html>
    <head>
        <meta charset="utf-8">
        <title>文档标题</title>
    </head>
    <body>
        文档内容......
    </body>
</html>
```

2. <base>标签

<base>标签描述了基本的链接地址/链接目标，该标签为 HTML 文档所有链接标签的默认链接，示例代码如下：

```
<head>
    <base href="https://www.baidu.com/images/" target="_blank">
</head>
```

3. <link>标签

<link>标签定义了文档与外部资源之间的关系，其通常用于链接到样式表，示例代码如下：

```
<head>
    <link rel="stylesheet" type="text/css" href="mystyle.css">
</head>
```

4. <style>标签

<style>标签定义了 HTML 文档的样式文件引用地址。在<style>标签中也可以直接添加样式来渲染 HTML 文档，示例代码如下：

```
<head>
    <style type="text/css">
        body {background-color:yellow}
        p {color:blue}
    </style>
</head>
```

5. <meta>标签

<meta>标签通常用于指定网页的描述、关键词、文件的最后修改时间、作者和其他元数据。这些元数据不显示在页面上，但会被浏览器解析。

元数据可用于浏览器（如何显示内容或重新加载页面）、搜索引擎（关键词）或其他 Web 服务。

<meta>标签一般放置于<head>区域。我们来看几个关于<meta>标签使用的小示例。

为搜索引擎定义关键词，代码如下：

```
<meta name="keywords" content="HTML,CSS,XML,XHTML,JavaScript">
```

为网页定义描述内容，代码如下：

```
<meta name="description" content="Test">
```

定义网页作者，代码如下：

```
<meta name="author" content="User">
```

每 30 秒钟刷新一次当前页面，代码如下：

```
<meta http-equiv="refresh" content="30">
```

三、HTML 列表

HTML 支持有序、无序和定义列表，下面我们来具体看一下。

(一)HTML 无序列表呈现

无序列表是一个项目的列表,此列项目使用粗体圆点进行标记。

无序列表使用<ul>标签,示例代码如下:

```
<ul>
    <li>Wifi</li>
    <li>Bt</li>
</ul>
```

浏览器显示如下:

```
1. Wifi
2. Bt
```

(二)HTML 有序列表呈现

同样,有序列表也是一列项目,列表项目使用数字进行标记。有序列表始于<ol>标签,每个列表项以<li>标签开始,使用数字来标记。

```
<ol>
    <li>Wifi</li>
    <li>Bt</li>
</ol>
```

浏览器中显示如下:

```
1. Wifi
2. Bt
```

(三)HTML 自定义列表呈现

自定义列表不仅仅是一列项目,还是项目及其注释的组合。自定义列表始于<dl>标签开始,每个自定义列表项以<dt>开始。每个自定义列表项的定义以<dd>开始。

```
<dl>
    <dt>Wifi</dt>
                    <dd>-wifi</dd>
    <dt>Bt</dt>
    <dd>-蓝牙</dd>
</dl>
```

浏览器显示如下:

```
Wifi
  -wifi
Bt
  -蓝牙
```

四、HTML 的框架

通过使用框架,HTML 可以在同一个浏览器窗口中显示不止一个页面。

iframe 是 HTML 中的内联框架标签,它允许在当前页面中嵌入并显示另一个 HTML 文档的内容 iframe 语法定义如下:

```
<iframe src="URL"></iframe>
```

该 URL 指向不同的网页。

1. 设置高度与宽度

height 和 width 两个属性用来定义 iframe 标签的高度与宽度。属性默认以像素为单位，但是可以指定其按比例显示，示例代码如下：

```
<iframe src="test.html" width="400" height="400"></iframe>
```

2. 移除边框

frameborder 属性用于定义 iframe 表示是否显示边框。设置属性值设为“0”可以移除 iframe 的边框，示例代码如下：

```
<iframe src="demo_iframe.htm" frameborder="0"></iframe>
```

3. 使用 iframe 来显示目标链接页面

iframe 可以显示一个目标链接的页面，但是目标链接的属性必须使用 iframe 的属性，示例代码如下：

```
<iframe src="test.html" name="iframe_a"></iframe>
<p><a href="http://www.test.com" target="iframe_a">TEST.COM</a></p>
```

五、家庭照明控制界面制作

下面我们以家庭照明控制界面的设计为例，对本任务前面所学知识进行实践性应用。

（一）添加 HTML 框架集及框架

删除掉代码中头部和页面信息代码部分，删除后如图 2-21 所示。

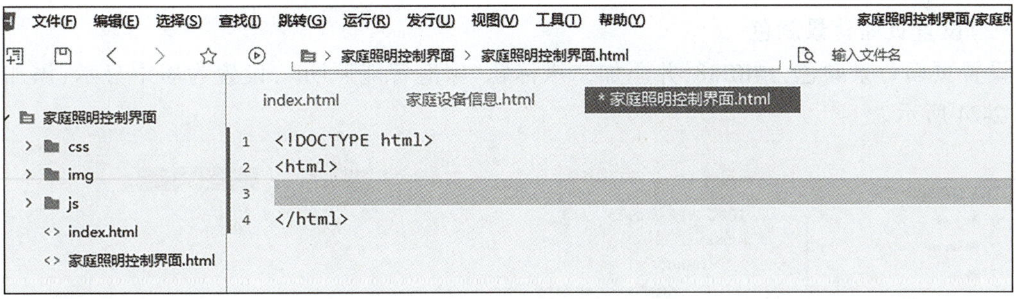

图 2-21　页面内容代码及添加位置

根据任务要求将界面划分为三部分，步骤操作如下：

（1）将界面划分为占比为 12% 和 88% 的上下两部分；

（2）设置上半部分显示页面 head. html；

（3）设置下部分定义新的框架集，将下半部分分成占比为 20% 和 80% 的左右两部；

（4）设置左边显示页面 left. html；

（5）设置右边显示页面 right_1. html。

界面划分代码如图 2-22 所示。

（二）添加头部页面

（1）创建 head. html 页面，如图 2-23 所示。

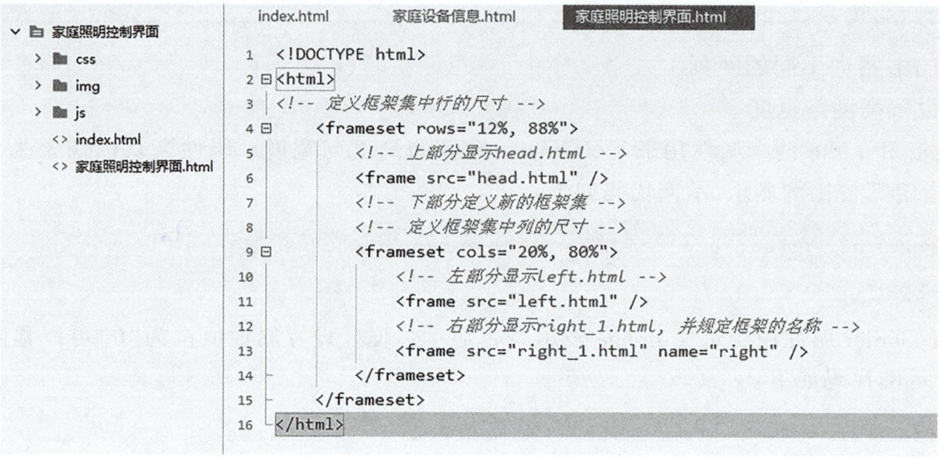


```
<!DOCTYPE html>
<html>
<!-- 定义框架集中行的尺寸 -->
    <frameset rows="12%, 88%">
        <!-- 上部分显示head.html -->
        <frame src="head.html" />
        <!-- 下部分定义新的框架集 -->
        <!-- 定义框架集中列的尺寸 -->
        <frameset cols="20%, 80%">
            <!-- 左部分显示left.html -->
            <frame src="left.html" />
            <!-- 右部分显示right_1.html，并规定框架的名称 -->
            <frame src="right_1.html" name="right" />
        </frameset>
    </frameset>
</html>
```

图 2-22　界面划分

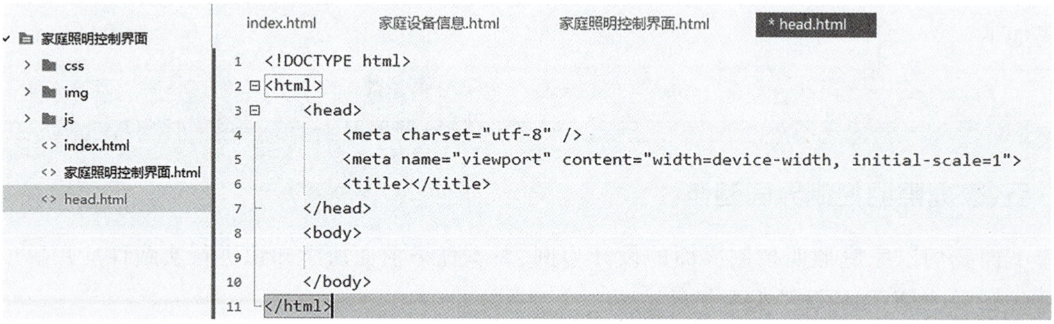


```
<!DOCTYPE html>
<html>
    <head>
        <meta charset="utf-8" />
        <meta name="viewport" content="width=device-width, initial-scale=1">
        <title></title>
    </head>
    <body>

    </body>
</html>
```

图 2-23　创建 head. html 页面

(2)设置页面背景颜色

设置页面背景颜色为#ffff88，并添加二级标题“家庭智能照明”，设置为居中显示；添加代码如图 2-24 所示。

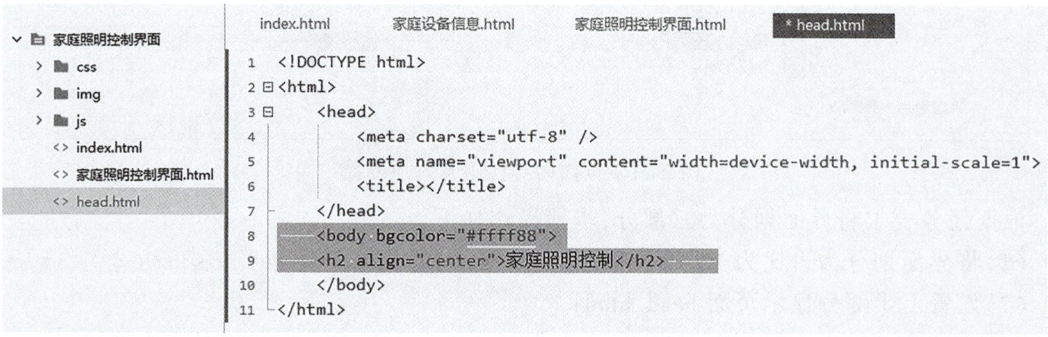


```
<!DOCTYPE html>
<html>
    <head>
        <meta charset="utf-8" />
        <meta name="viewport" content="width=device-width, initial-scale=1">
        <title></title>
    </head>
    <body bgcolor="#ffff88">
    <h2 align="center">家庭照明控制</h2>
    </body>
</html>
```

图 2-24　设置页面背景颜色

(三)设计左侧页面及页面链接

(1)创建 left. html 页面，如图 2-25 所示。

(2)设置页面背景颜色

设置页面背景颜色为 paleturquoise，并添加标题“系统菜单”，添加代码如图 2-26 所示。

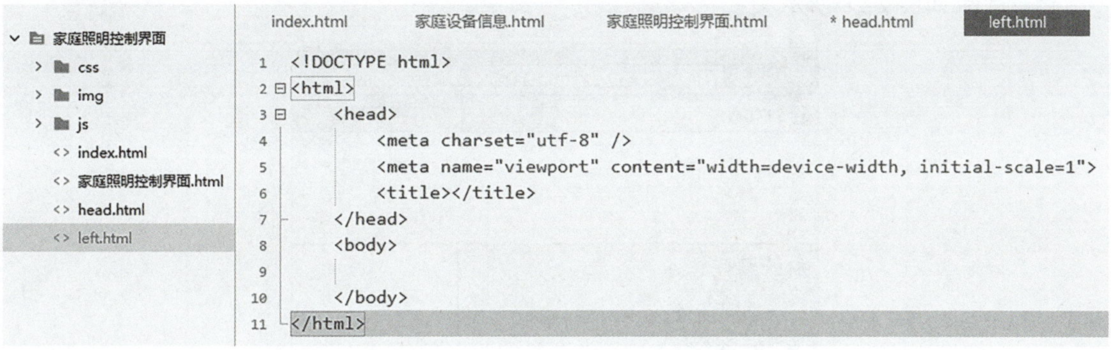

图 2-25 创建 left. html 页面

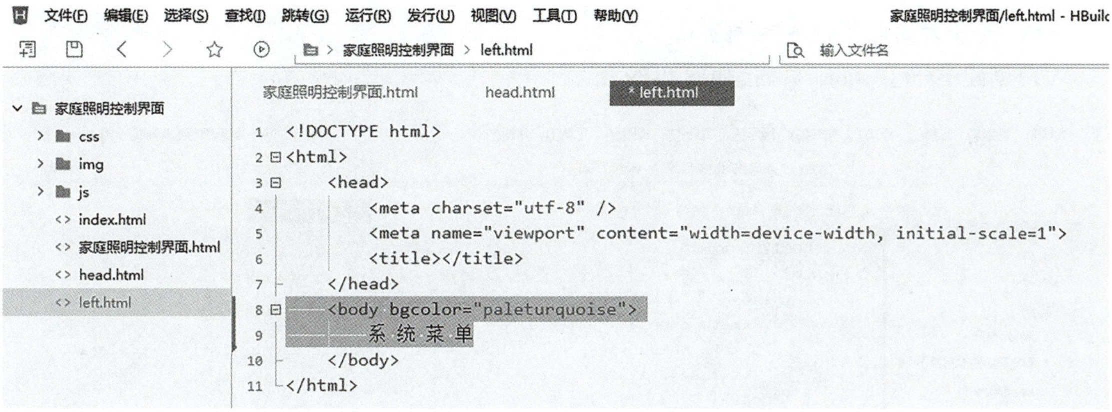

图 2-26 设置页面背景颜色

(3)添加无序列表

添加无序列表的“照明设备”和“照明状态”两个列表项,并且创建连接到 right_1. html 页面和 right_2. html 页面,在 right 框架中显示,添加代码如图 2-27 所示。

```
<!DOCTYPE html>
<html>
    <head>
        <meta charset="utf-8" />
        <meta name="viewport" content="width=device-width, initial-scale=1">
        <title></title>
    </head>
    <body bgcolor="paleturquoise">
            系 统 菜 单
            <!-- 无序列表 -->
            <ul>
                <li>
                    <a href="right_1.html" target="right">照明设备</a>
                </li>
                <li>
                    <a href="right_2.html" target="right">照明状态</a>
                </li>
            </ul>
    </body>
</html>
```

图 2-27 添加无序列表

运行效果如图 2-28 所示。

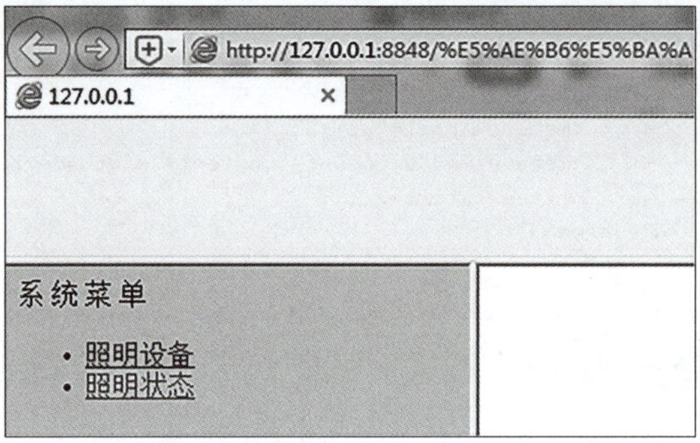

图 2-28　运行效果

(四)设计右侧照明设备控制页面

(1)创建 right_1. html 页面,如图 2-29 所示。

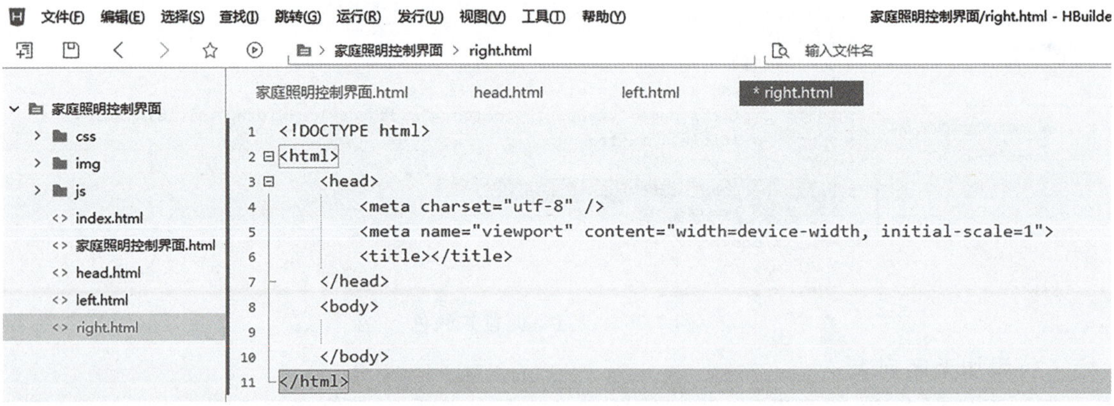

图 2-29　创建 right. html 页面

(2)添加标题并设置页面背景颜色

添加文档标题"照明设备",并设置页面背景颜色为 aliceblue,添加代码如图 2-30 所示。

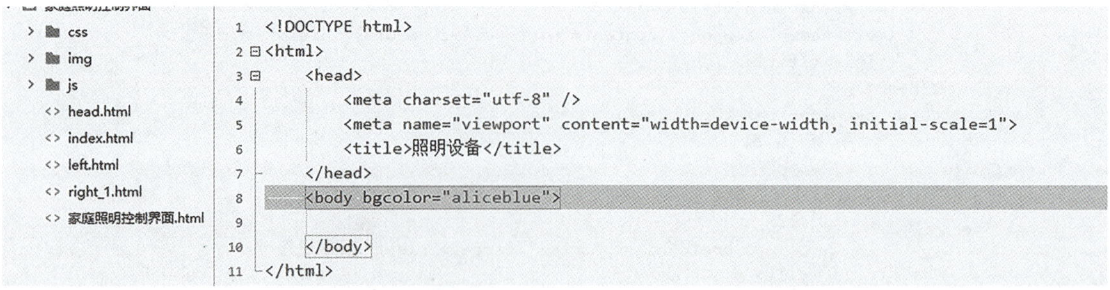

图 2-30　设置页面背景颜色

(3)添加有序列表

添加有序列表"光照:600lux""照明灯"和"查看详情"三个列表项,同时添加"打开"按钮。添加代码如图 2-31 所示。

运行效果如图 2-32 所示。

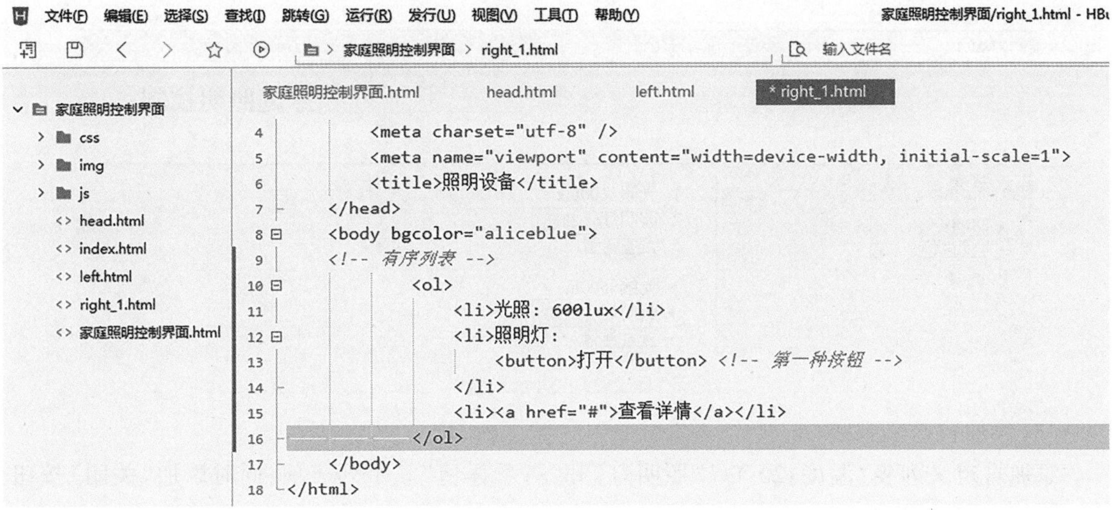

图 2-31　添加有序列表

图 2-32　运行效果

(4)添加无序列表

添加无序列表“光线:500lux”“照明灯”和“查看详情”三个列表项,同时添加“关闭”按钮。添加代码如图 2-33 所示。

```
</head>
<body bgcolor="aliceblue">
<!-- 有序列表 -->
        <ol>
            <li>光照: 600lux</li>
            <li>照明灯:
                <button>打开</button> <!-- 第一种按钮 -->
            </li>
            <li><a href="#">查看详情</a></li>
        </ol>
<!-- 无序列表 -->
        <ul>
            <li>光线: 500lux</li>
            <li>照明灯:
                <input type="button" value="关闭"> <!-- 第二种按钮 -->
            </li>
            <li><a href="#">查看详情</a></li>
        </ul>
</body>
</html>
```

图 2-33　添加无序列表

运行效果如图 2-34 所示。

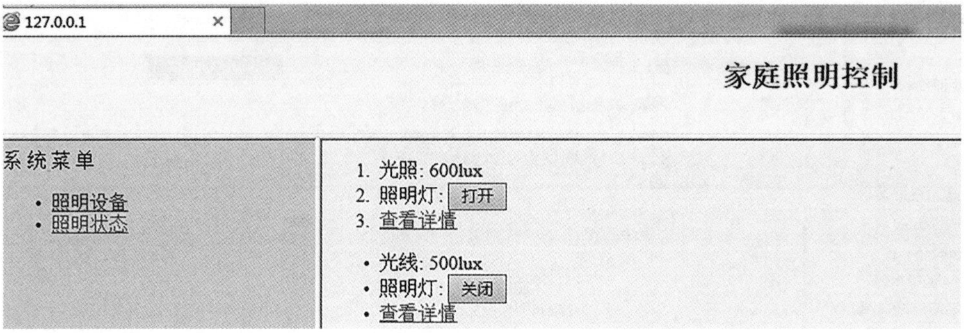

图 2-34　运行效果

(5)添加自定义列表

添加自定义列表“温度:20 ℃”“照明灯”和“查看详情”三个列表项;同时添加“关闭”按钮。添加代码如图 2-35 所示。

```
<!-- 无序列表 -->
        <ul>
            <li>光线: 500lux</li>
            <li>照明灯:
                <input type="button" value="关闭"> <!-- 第二种按钮 -->
            </li>
            <li><a href="#">查看详情</a></li>
        </ul>
<!-- 自定义列表 -->
        <dl>
            <dd>温度: 20℃</dd>
            <dd>照明灯: <button>关闭</button></dd>
            <dd><a href="#">查看详情</a></dd>
        </dl>
</body>
</html>
```

图 2-35　添加自定义列表

运行效果如图 2-36 所示。

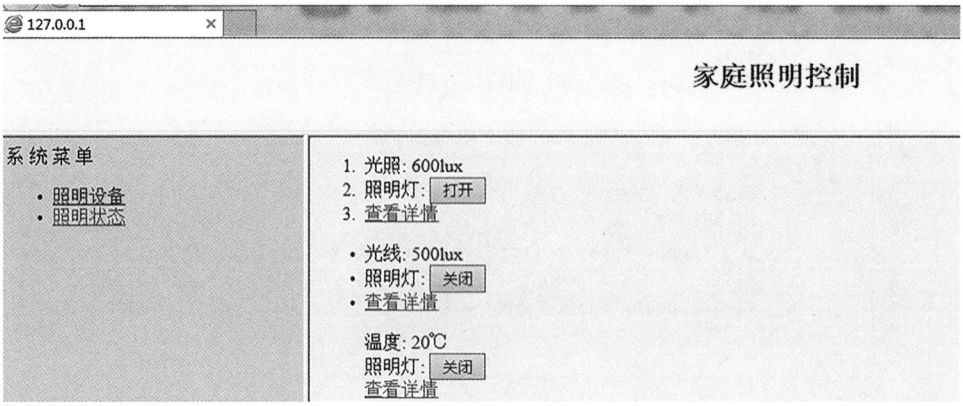

图 2-36　运行效果

（五）设计右侧照明状态信息页面

（1）创建 right_2. html 页面，如图 2-37 所示。

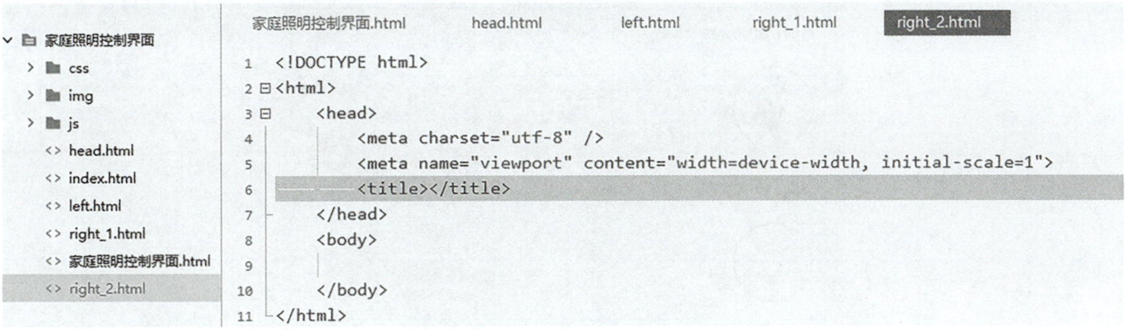

图 2-37　创建 right_2. html 页面

（2）添加标题并设置页面背景颜色

添加文档标题“照明状态”，并设置页面背景颜色为 antiquewhite，添加代码如图 2-38 所示。

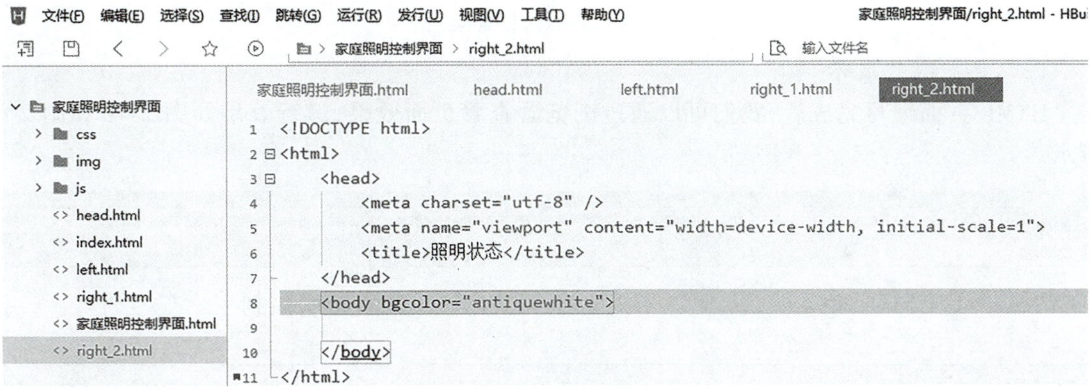

图 2-38　设置页面背景颜色

（3）添加房间标题和状态图片

添加“房间 1 照明状态”“房间 2 照明状态”“房间 3 照明状态”三个标题和图片，添加代码如图 2-39 所示。

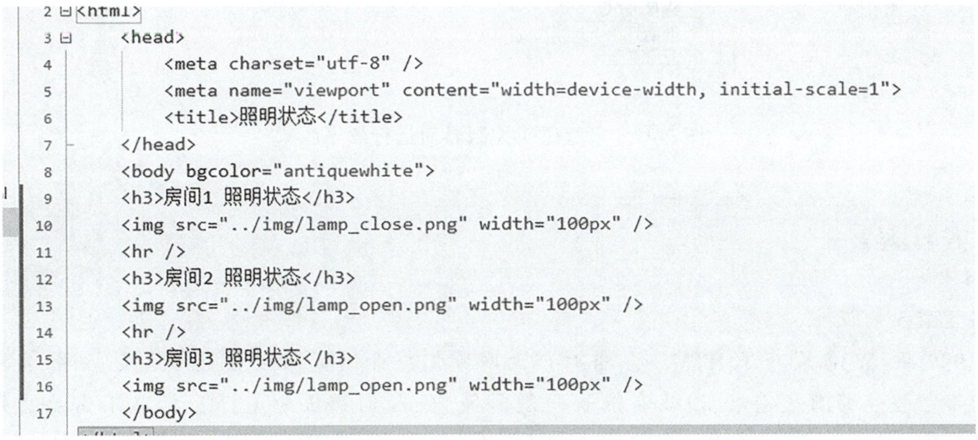

图 2-39　添加房间标题和状态图片

运行效果如图 2-40 所示。

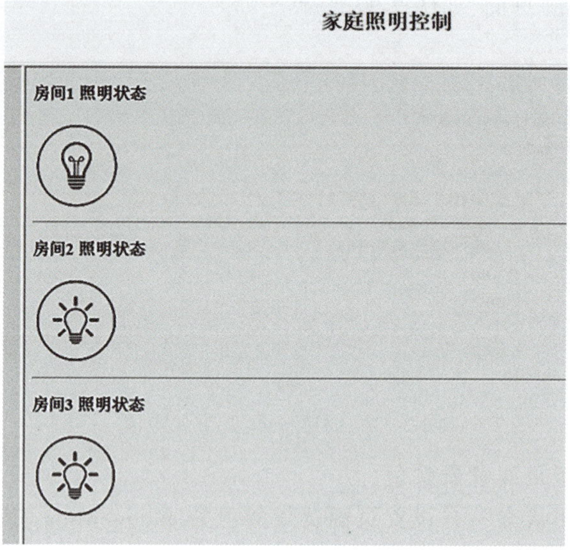

图 2-40　运行效果

（六）运行效果展示

HTML 页面编写完成后，我们可以通过浏览器查看页面效果，运行效果如图 2-41 和图 2-42 所示。

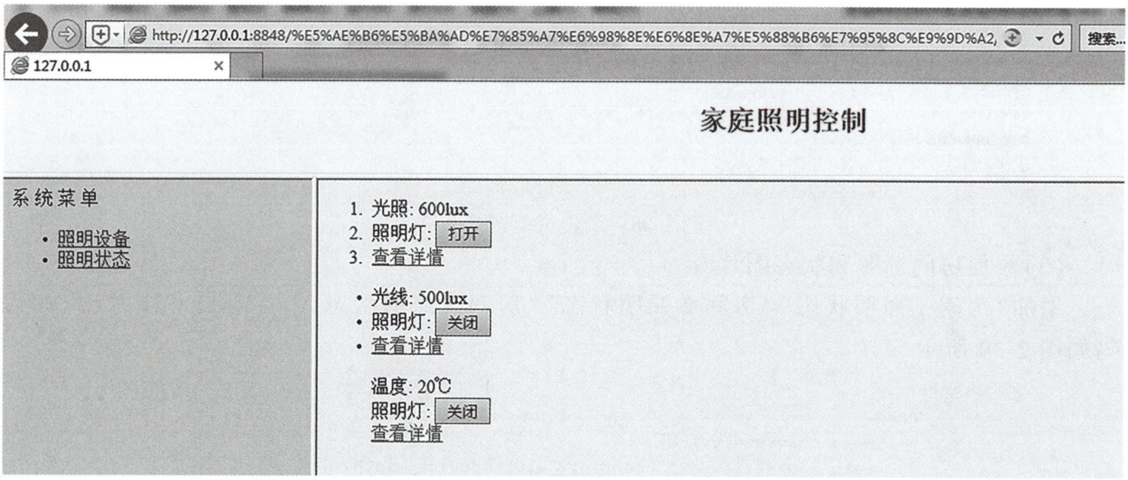

图 2-41　家庭照明控制界面运行效果（一）

大开眼界

HTML5 的诞生

1999 年，W3C 发布了 HTML4。当时广大网民们打开浏览器主要是为了看新闻、发邮件，HTML4 完全能够满足需求，因此在很长一段时间内，人们都认为 HTML 标准不需要更新了。但是随着计算机性能和网络带宽的不断升级，人们开始在网页上玩游戏、看视频，Abobe 公司率先抓住了这个商机,将 Flash 收入旗下,Flash 作为浏览器播放插件满足了用户在网页上的新需求,Abobe 公司也因此获得了巨大的发展。

为了推动 Web 标准化运动的发展,一些公司联合起来成立了 WHATWG(互联网超文本应用技术工作组)。WHATWG 致力于 Web 表单和应用程序,而 W3C 专注于 XHTML2.0。眼看着 Adobe 公司在 Web 世界中风生水起,W3C 的主席单位兼 IT 巨头 Google 和苹果一致决定开始做 HTML5 了。于是,2007 年,W3C 接纳了 WHTAWG 提出的 web applications1.0,双方合作成立了新的 HTML 工作团队。自此,HTML5 的故事正式开始了。

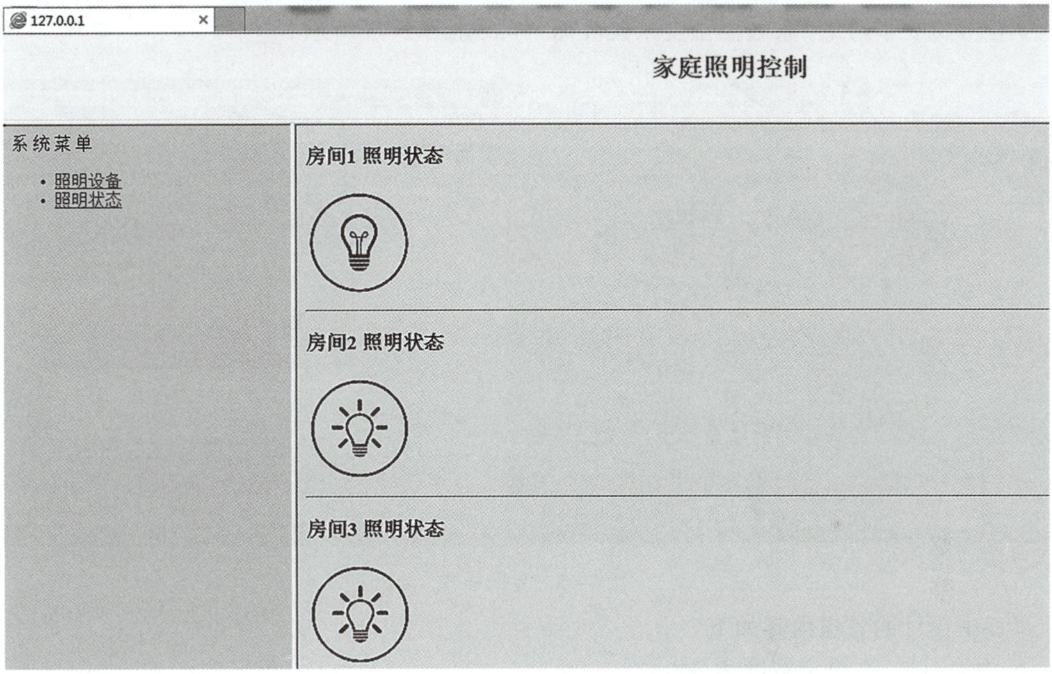

图 2-42 家庭照明控制界面运行效果(二)

任务小结

通过本任务的学习,可以掌握 HTML 的链接(用于页面的跳转)、HTML 的头部信息(为下面的 CSS 及 JavaScript 引入做准备)、HTML 列表以及框架设置,可以运用这些知识制作层次分明的网页。

任务四 家庭温湿度采集界面设计

任务描述

学习 HTML 表格、HTML 布局、HTML 表单等知识内容,完成家庭温湿度采集界面的设计与程序编写。

任务目标

- 掌握 HTML 的表格。
- 掌握 HTML 的布局。
- 掌握 HTML 的表单。

任务实施

本任务将要学习的“家庭温湿度采集界面”样式如图 2-43 所示。

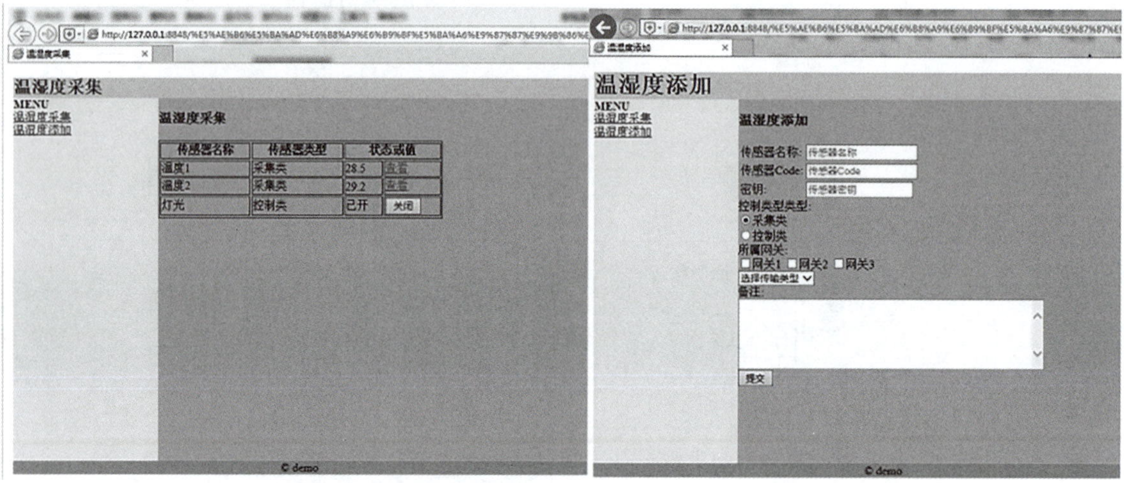

图 2-43　界面样式

界面中设计的各项内容如下：

- 添加布局，并设定宽度为 800px。
- 在页面布局中添加标题、菜单、内容栏、底部栏，并设置背景颜色、高度、宽度等属性参数。
- 在温湿度采集页面中，设置文档标题、布局标题，添加菜单项；添加内容栏传感器类型、状态表格。
- 在温湿度添加页面中，设置文档标题、布局标题；添加菜单项、内容栏传感器表单。

一、HTML 表格

HTML 表格部分介绍 HTML 表格及其表框、表头等内容。

（一）绘制 HTML 表格

表格由<table>标签来定义。每个表格均有若干行（由<tr>标签定义），每行被分割为若干单元格（由<td>标签定义）。字母 td 指表格数据（table data），即数据单元格的内容。数据单元格可以包含文本、图片、列表、段落、表单、水平线、表格等。

表格示例代码如下：

```
<table border="1">
    <tr>
        <td>row 1,cell 1</td>
```

```
            <td>row 1,cell 2</td>
        </tr>
        <tr>
            <td>row 2,cell 1</td>
            <td>row 2,cell 2</td>
        </tr>
</table>
```

在浏览器显示效果如图 2-44 所示。

row 1, cell 1	row 1, cell 2
row 2, cell 1	row 2, cell 2

图 2-44　表格示例

（二）设置 HTML 表格边框属性

如果不定义边框属性，表格将不显示边框（有时这很有用）。但是大多数时候，我们希望显示边框。使用边框属性来显示一个带有边框的表格，示例代码如下：

```
<table border="1">
    <tr>
        <td>Row 1,cell 1</td>
        <td>Row 1,cell 2</td>
    </tr>
</table>
```

（三）设置 HTML 表格表头

表格的表头使用<th>标签进行定义。

大多数浏览器会把表头显示为粗体、居中的文本，示例代码如下：

```
<table border="1">
    <tr>
        <th>Header 1</th>
        <th>Header 2</th>
    </tr>
    <tr>
        <td>row 1,cell 1</td>
        <td>row 1,cell 2</td>
    </tr>
    <tr>
        <td>row 2,cell 1</td>
        <td>row 2,cell 2</td>
    </tr>
</table>
```

在浏览器显示效果如图 2-45 所示。

Header 1	Header 2
row 1, cell 1	row 1, cell 2
row 2, cell 1	row 2, cell 2

图 2-45　表格表头示例

二、HTML 布局

大多数网站会把内容安排到多个列中（就像杂志或报纸那样）。在具体操作中可以使用<div>或<table>元素来创建多列。使用 CSS 对元素进行定位，或者为页面创建背景以及色彩丰富的外观。

（一）使用<div>元素

<div>元素是一个块级元素，主要用于定义文档中的分区或节，如页眉、页脚、侧边栏、内容区域等，其本身没有特定的语义与表格数据相关。下面的示例中会使用五个<div>元素来创建多列布局：

```
<!DOCTYPE html>
<html>
    <head>
        <meta charset="utf-8">
        <title>test</title>
    </head>
    <body>
        <div id="container" style="width:500px">
            <div id="header" style="background-color:#FFA400;">
                <h1 style="margin-bottom:0;">网页标题</h1></div>
            <div id="menu" style="background-color:#FFD600;height:200px;
width:100px;float:left;">
                <b>MENU</b><br>
                HTML<br>
                CSS<br>
                                JavaScript</div>
            <div id="content" style="background-color:#EEEE00;height:200px;
width:400px;float:left;">
                内容</div>
            <div id="footer" style="background-color:#FFA511;clear:both;
text-align:center;">
                © test.com</div>
        </div>
    </body>
</html>
```

上面的 HTML 代码会产生图 2-46 所示的布局效果。

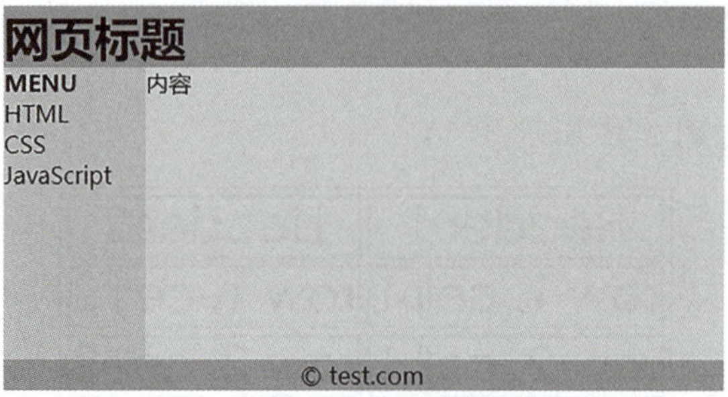

图 2-46 <div>元素使用示例

（二）使用<table>元素

<table>元素是 HTML 中专门用于创建表格的元素，其语义明确表示包含的数据是以行和列的形式组织排列的，通常用于展示具有结构化关系的数据。下面的示例使用<table>创建一个三行两列的表格，其中第一行和最后一行使用 colspan 属性来横跨两列：

```
<!DOCTYPE html>
<html>
    <head>
        <meta charset="utf-8">
        <title>test</title>
    </head>
    <body>
        <table width="500" border="0">
            <tr>
                <td colspan="2" style="background-color:#FFA511;">
                    <h1>网页标题</h1>
                </td>
            </tr>
            <tr>
                <td style="background-color:#FFD711;width:100px;">
                    <b>MENU</b><br>
                    HTML<br>
                    CSS<br>
                    JavaScript
                </td>
                <td style="background-color:#eeee00;height:200px;width:
400px;">
                    内容</td>
            </tr>
            <tr>
                <td colspan="2" style="background-color:#FFA511;text-align:
center;">
                    © test.com</td>
            </tr>
        </table>
    </body>
</html>
```

上面的 HTML 代码会产生如图 2-47 所示的页面效果。

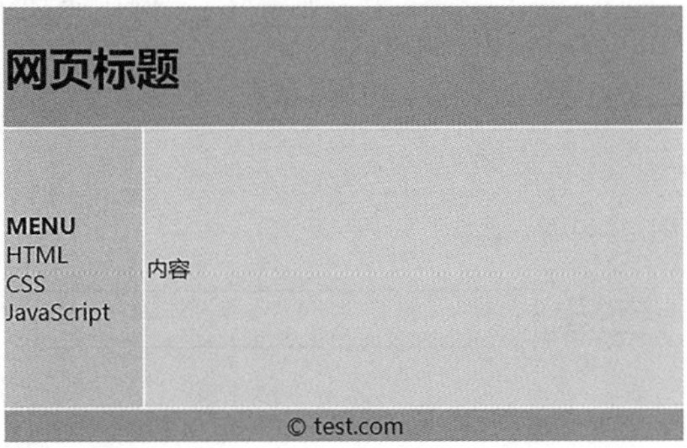

图 2-47　<table>元素使用示例

三、HTML 表单和输入

HTML 表单是 HTML 中用于收集不同类型用户输入信息的一种元素，它允许用户在网页上输入数据，如文本、密码、选择项等，并将这些数据提交到服务器进行处理。

（一）设置 HTML 表单

表单是一个包含表单元素的区域，而表单元素是允许用户在表单中输入内容。表单使用表单标签<form>来设置，示例代码如下：

```
<form>
    ...
    input 元素
    ...
</form>
```

（二）输入元素

多数情况下被用到的表单标签是输入标签（<input>）。输入类型是由类型属性（type）定义的。常用的输入类型有文本域（textarea）、下拉列表、单选按钮（radio-buttons）、复选框（checkboxes）、提交按钮（submit button）。

（1）文本域

文本域通过<input type="text">标签来设定，主要用来在表单中键入字母、数字等内容。示例代码如下：

```
<form>
    设备信息:<input type="text" name="info"><br>
    设备名称:<input type="text" name="name">
</form>
```

浏览器中显示效果如图 2-48 所示。

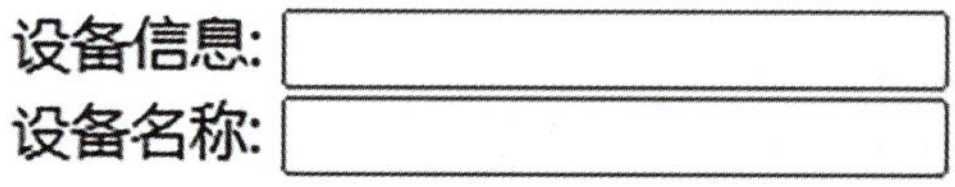

图 2-48　输入文本域示例

注意：表单本身并不可见。此外，在大多数浏览器中，文本域的默认宽度是 20 个字符。

（2）密码字段

密码字段通过标签<input type="password">来定义，示例代码如下：

```
<form>
    密码:<input type="password" name="pwd">
</form>
```

浏览器中显示效果如图 2-49 所示。

图 2-49　输入密码示例

注意：密码字段字符不会明文显示，而是以星号或圆点替代。

(3)单选按钮

<input type="radio">标签定义了表单单选按钮选项,示例代码如下:

```
<form>
    <input type="radio" name="sensor" value="tem">温度<br>
    <input type="radio" name="sensor" value="hum">湿度
</form>
```

浏览器中显示效果如图 2-50 所示。

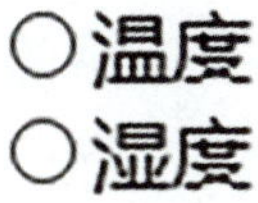

图 2-50　单选按钮示例

(4)复选框

通常用标签<input type="checkbox">定义表单复选框,用户需要从若干给定的选择中选取一个或若干选项;示例代码如下:

```
<form>
    <input type="checkbox" name="sensor" value="tem">温度传感器<br>
    <input type="checkbox" name="sensor" value="light">光线传感器
</form>
```

浏览器中显示效果如图 2-51 所示。

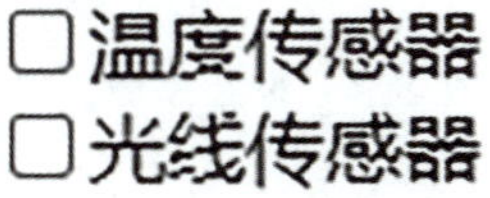

图 2-51　复选框示例

(5)提交按钮

标签<input type="submit">在表单中用来定义提交按钮。当用户单击确认按钮时,表单的内容会被传送到另一个文件。表单的动作属性定义了目的文件的名称,该文件通常会对接收到的输入数据进行相关的处理。示例代码如下:

```
<form name="sub" action="#" method="post">
                          传感器 ID:<input type="text" name="sensorid">
    <input type="submit" value="提交">
</form>
```

浏览器中显示如图 2-52 所示。

图 2-52　提交按钮示例

四、家庭温湿度采集界面制作

下面我们以家庭温湿度采集界面的设计为例,对本任务前面所学知识进行实践性应用。

(一)添加 HTML 页面布局

(1)添加布局

添加布局,宽度设置为 800px,如图 2-53 所示。

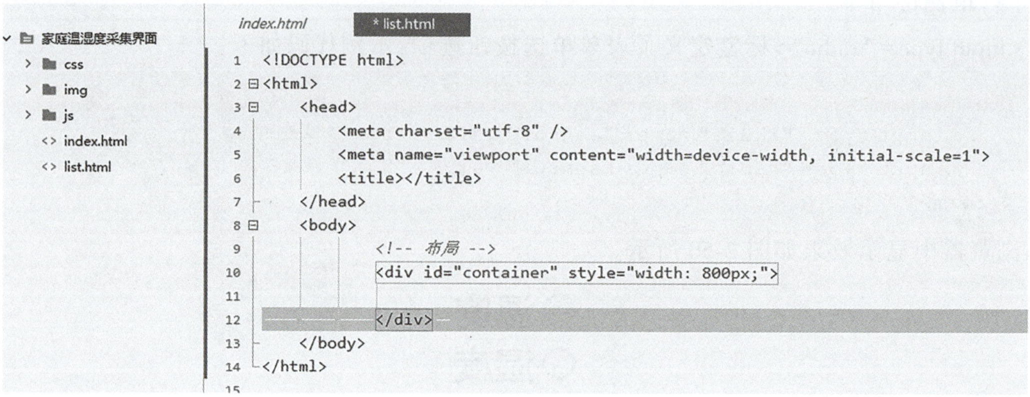

图 2-53 添加页面布局

(2)添加标题

在页面布局代码中添加标题代码,颜色设置为 lightgrey,如图 2-54 所示。

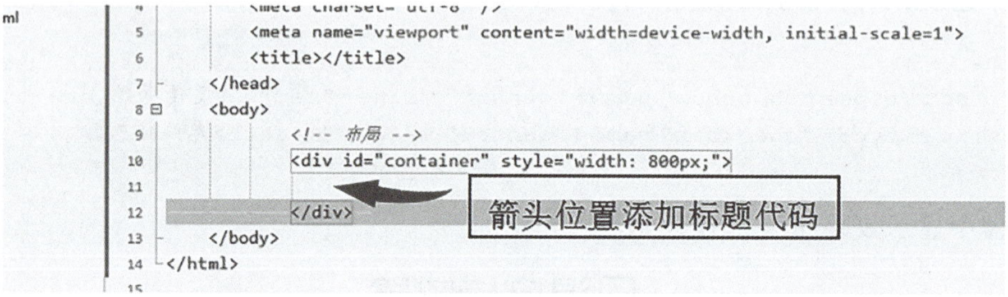

图 2-54 标题添加位置

(3)在页面布局中添加菜单

在页面布局代码中添加菜单代码,菜单背景颜色设置为 blanchedalmond,高度设置为 500px,宽度设置为 200px,菜单栏位于左侧,实现代码如下:

```
<!--菜单-->
    <div id="menu" style="background-color:blanchedalmond;height:500px;width:
200px;float:left;">
    </div>
```

(4)在页面布局中添加内容栏

在页面布局代码中添加内容栏代码,背景颜色设置为 mediumaquamarine,高度设置 500px,宽度设置为 600px,内容栏位于左侧,实现代码如下:

```
<div id="content" style="background-color:mediumaquamarine;height:500px;
width:600px;float:left;">
</div>
```

(5)在页面布局中添加底部栏

在页面布局代码中添加底部栏代码,背景颜色设置为 coral,居中显示,实现代码如下:

```
<!--底部-->
    <div id="footer" style="background-color:coral;text-align:center;">
    </div>
```

至此,在布局中添加标题栏、菜单栏、内容栏、底部栏等内容完毕,整体代码如图 2-55 所示。

```
        <meta charset="utf-8" />
        <meta name="viewport" content="width=device-width, initial-scale=1">
        <title></title>
    </head>
    <body>
            <!-- 布局 -->
            <div id="container" style="width: 800px;">
                <!-- 标题 -->
                <div id="header" style="background-color: lightgrey;">
                </div>
                <!-- 菜单 -->
                <div id="menu" style="background-color: blanchedalmond; height: 500px; width: 200px; float: lef
                </div>
                <!-- 内容 -->
                <div id="content" style="background-color: mediumaquamarine; height: 500px; width: 600px; float
                </div>
                <!-- 底部 -->
                <div id="footer" style="background-color: coral; text-align: center;">
                </div>
            </div>
    </body>
</html>
```

图 2-55 布局各项内容代码

(二)温湿度采集页面代码设计

(1)设置文档标题

在已完成的页面布局代码 head 部分添加文档标题，实现代码如下：

```
<head>
    <meta charset="utf-8">
    <title>温湿度采集</title>
</head>
```

(2)设置布局标题

在已完成的页面布局代码布局标题部分添加布局标题，实现代码如下：

```
<!--标题-->
    <div id="header" style="background-color:lightgrey;">
        <h2 style="margin-bottom:0;">温湿度采集</h2>
    </div>
```

(3)设置布局菜单

在已完成的页面布局代码布局菜单部分添加“温湿度采集”“温湿度添加”菜单项，分别链接到页面 list. html 和 add. html，实现代码如下：

```
<!--菜单-->
    <div id="menu" style="background-color:blanchedalmond;height:500px;width:
200px;float:left;">
      <b>MENU</b><br/>
      <a href="list.html">温湿度采集</a><br/>
      <a href="add.html">温湿度添加</a><br/>
    </div>
```

(4)在布局内容栏添加表格

在已完成的页面布局代码布局内容栏部分添加表格。表格中包含传感器名称、传感器类型、状态、类型。表格样式如图 2-56 所示。

传感器名称	传感器类型	状态或值	
温度1	采集类	28.5	查看
温度2	采集类	29.2	查看
灯光	控制类	已开	关闭

图 2-56 表格样式

表格设置代码如下：

```
<!--内容-->
    <div id="content" style="background-color:mediumaquamarine;height:500px;
width:600px;float:left;">
        <h3 id="sys_sta">温湿度采集</h3>
    <!--表格-->
        <table border="1" width="400">
          <!--表头 thead-->
          <thead>
            <tr>
              <th>传感器名称</th>
              <th>传感器类型</th>
              <th colspan="2">状态或值</th>
            </tr>
        </thead>
        <!--表格体 tbody-->
        <tbody>
            <tr>
              <td>温度 1</td>
              <td>采集类</td>
              <td>28.5</td>
              <td><a href="#">查看</a></td>
            </tr>
            <tr>
              <td>温度 2</td>
              <td>采集类</td>
              <td>29.2</td>
              <td><a href="#">查看</a></td>
            </tr>
            <tr>
              <td>灯光</td>
              <td>控制类</td>
              <td>已开</td>
              <td><button>关闭</button></td>
            </tr>
        </tbody>
    </table>
  </div>
```

(5)设置布局底部栏

在已完成的页面布局代码底部栏部分添加“© demo”，实现代码如下：

```
<!--底部-->
    <div id="footer" style="background-color:coral;text-align:center;">
      &copy;demo
    </div>
```

代码运行效果如图 2-57 所示。

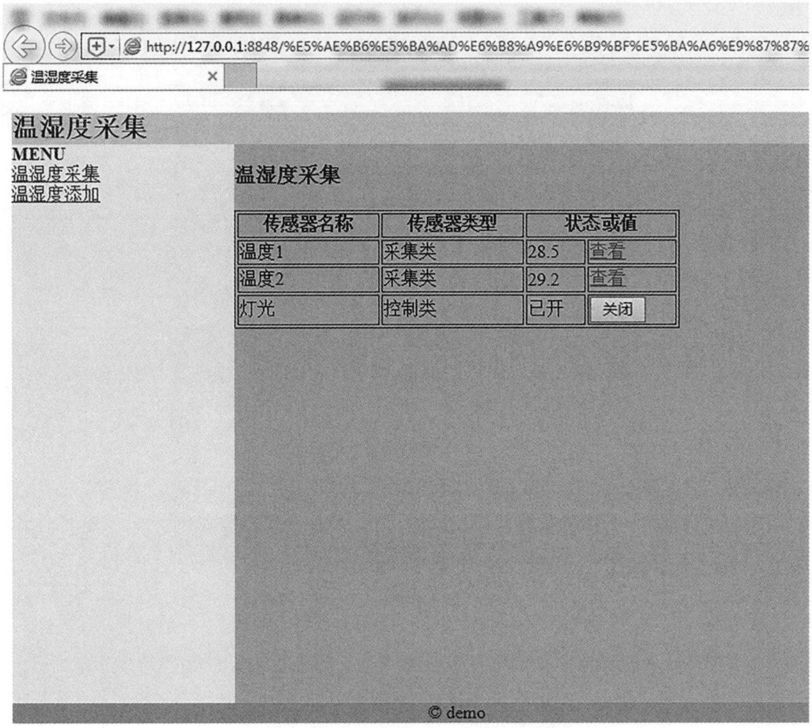

图 2-57　布局底部栏显示效果

(三)温湿度添加页面代码设计

(1)页面布局、文档标题、布局标题、布局菜单设置

温湿度添加页面的设计请参照上面讲过的温湿度采集页面,创建 add. html 页面,设置页面布局、文档标题、布局标题、布局菜单等内容,这里不再赘述。完成代码后运行效果如图 2-58 所示。

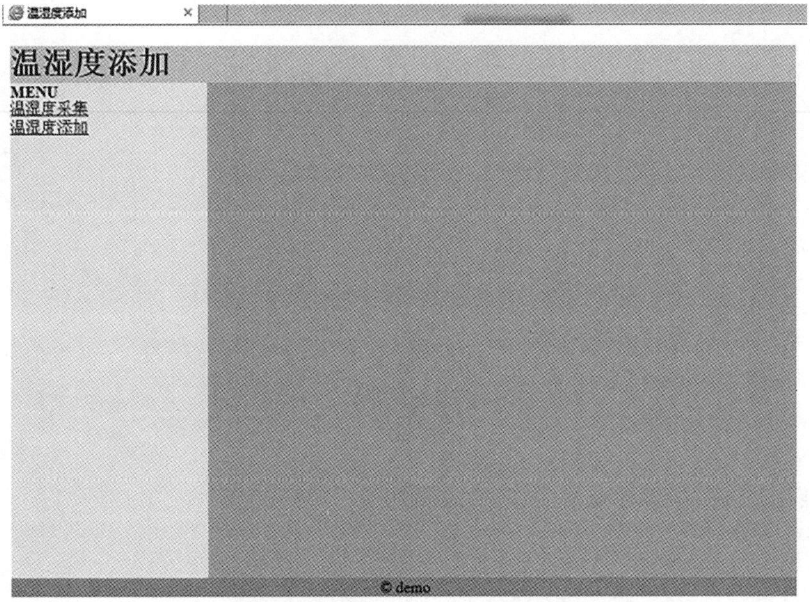

图 2-58　温湿度添加界面运行效果

(2)设置布局内容栏表单

在已完成的页面布局代码内容栏部分添加表单,内容如图 2-59 所示。

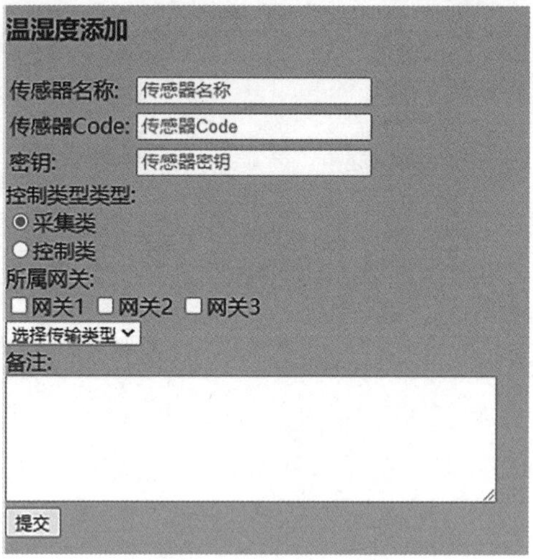

图 2-59　表单内容

表单各项内容设置代码如下:

```
<!--表单-->
  <form>
    <h3 id="sys_set">温湿度添加</h3>
      <table>
        <tr>
          <td>传感器名称:</td>
          <td>
              <!--文本框-->
            <input type="text" placeholder="传感器名称"/>
          </td>
        </tr>
        <tr>
          <td>传感器 Code:</td>
          <td>
            <!--数值文本框-->
            <input type="number" placeholder="传感器 Code" maxlength="10"/>
          </td>
        </tr>
        <tr>
          <td>密钥:</td>
          <td>
            <input type="password" placeholder="传感器密钥"/>
          </td>
        </tr>
      </table>
      <!--单选框-->
      控制类型:<br/>
        <input type = "radio" name = "conttype" value = "collection" checked =
"checked"/>采集类<br/>
```

```
        <input type="radio" name="conttype" value="controller"/>控制类<br/>
      <!--复选框-->
      所属网关:<br/>
        <input type="checkbox" name="router" value="11:22:33:44:55:00"/>网关 1
        <input type="checkbox" name="router" value="11:22:33:44:55:11"/>网关 2
        <input type="checkbox" name="router" value="11:22:33:44:55:22"/>网关 3
      <br/>
      <!--传输类型-->
        <select name="trantype">
            <option value="ZIGBEE" selected>选择传输类型</option>
            <option value="ZIGBEE">ZIGBEE</option>
            <option value="WIFI">WIFI</optgroup>
            <option value="MODBUS">MODBUS</optgroup>
        </select>
      <br/>
      <!--文本域-->
        备注:<br/>
        <textarea cols="50" rows="6"></textarea>
      <br/>
      <!--提交按钮 submit-->
        <input type="submit" value="提交"/>
  </form>
```

代码运行效果如图 2-60 所示。

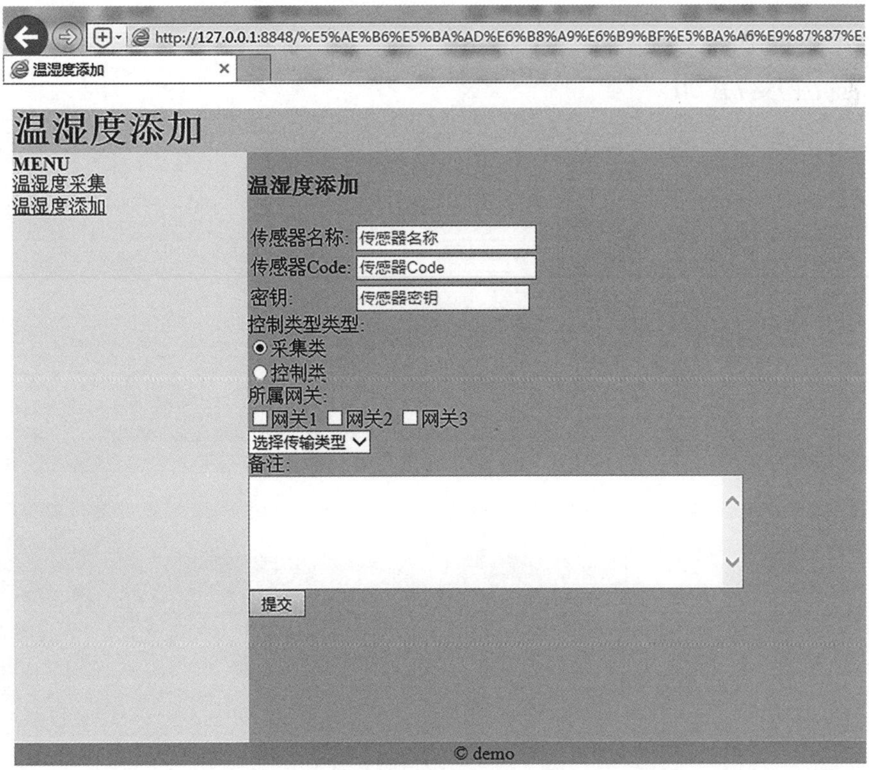

图 2-60　表单运行效果

(四)运行效果展示

HTML 页面编写完成后,可通过浏览器查看页面。整体运行效果如图 2-61 和图 2-62 所示。

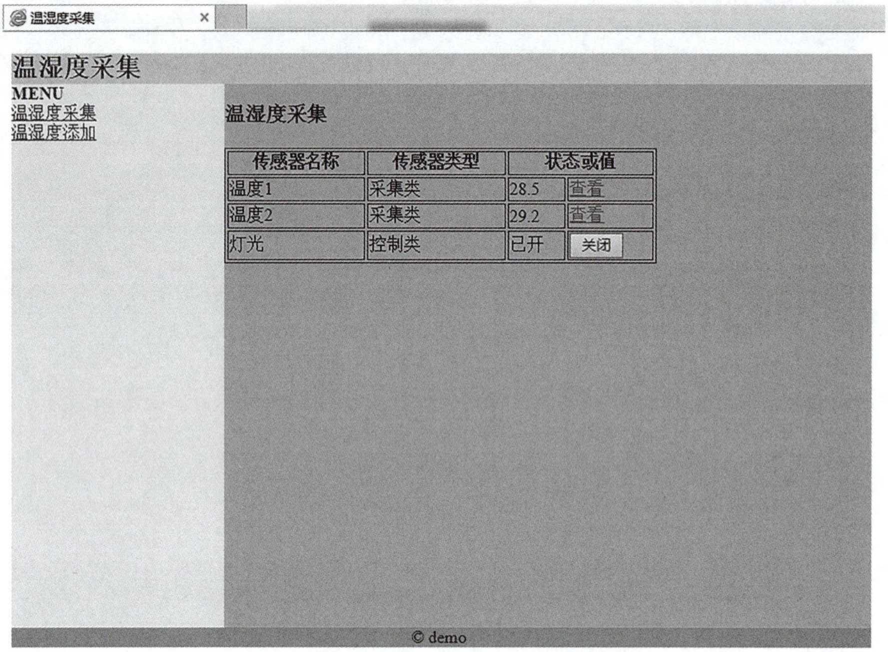

图 2-61　温湿度采集页面

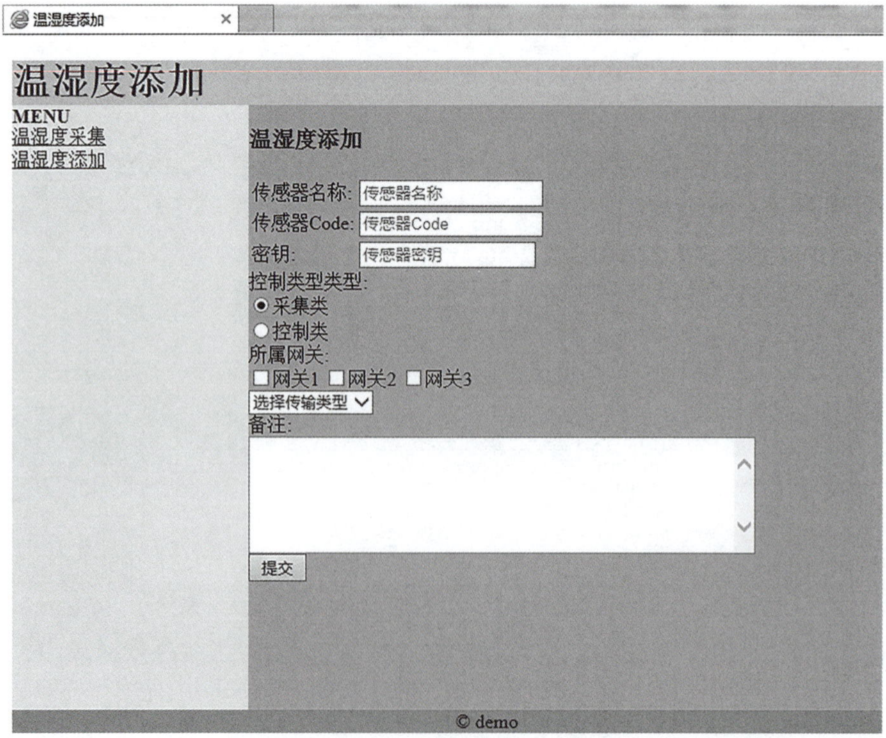

图 2-62　温湿度添加页面

大开眼界

HTML5 的成长

为了弥补 HTML4 的诸多不足，解决 Web 浏览器之间兼容性差、Web 应用程序受限、HTML 文档结构不够明确等问题，HTML5 做了不少改变，主要有语法改变、新增元素、废除元素、新增属性以及新增了全局属性的概念。

随着 Safari 和 Chrome 等浏览器的发展，IE 对浏览器领域的垄断不再。HTML5 的破垄断使命成功结束，进入了下一个时代——移动互联网。

W3C 此时成立了 Device API 工作组，为 HTML5 扩展了 camera、GPS 等手机持有的 API，然而手机 OS 版本更新。而 W3C 跟不上移动互联网初期的快速迭代。

2014 年 10 月底，W3C 宣布 HTML5 正式定稿。这个时间正好赶上了手机硬件性能更强、手机 OS 迭代速度下降的时机。自此，属于 HTML5 的时代来了。

任务小结

通过本任务的学习，应当掌握 HTML 的布局、HTML 的表格信息以及 HTML 表单等知识，可以运用这些知识完成信息显示、提交保存等功能。

思考与练习

一、填空题

1. HTML 网页文件的标记是________，网页文件的主体标记是________，标记页面标题的标记是________。

2. RGB 方式表示的颜色都是由红、绿、______这三种基色调和而成。

3. 文件头标签也就是通常所见到的______标签。

4. 网页中三种最基本的页面组成元素是______、______、______。

5. 设定图片边框的属性是______。

二、判断题

1. (　　)HTML 标记符的属性一般不区分大小写。

2. (　　)网站就是一个链接的页面集合。

3. (　　)HTML 是 hyper text markup language(超文本标记语言)的缩写。

4. (　　)所有的 HTML 标记符都包括开始标记符和结束标记符。

5. (　　)用 H1 标记符修饰的文字通常比用 H6 标记符修饰的要小。

6. (　　)B 标记符表示用粗体显示所包括的文字。

三、选择题

1. HTML 指的是(　　)。

A. 超文本标记语言(hyper text markup language)

B. 家庭工具标记语言(home tool markup language)

C. 超链接和文本标记语言(hyperlinks and text markup language)

2. Web 标准的制定者是(　　)。

A. 微软　　B. 万维网联盟(W3C)　C. 网景公司(Netscape)

3. 用 HTML 标记语言编写一个简单的网页,网页最基本的结构是(　　)。

A. <html><head>…</head><frame>…</frame></html>

B. <html><title>…</title><body>…</body></html>

C. <html><title>…</title><frame>…</frame></html>

D. <html><head>…</head><body>…</body></html>

4. 下列(　　)不是块级元素。

A. P　　B. DIV　　C. UL　　D. SPAN

5. HTML 中注释的写法正确的是(　　)

A. <!---->　　B. /**/　　C. //　　D. “”

四、简答题

1. 什么是 HTML?
2. 请用 HTML 语言回答一个 HTML 文件应具有的基本结构。
3. HTML 中列表元素有哪几类?
4. HTML5 中如何表示颜色?
5. 什么时候使用<col>标签?

实践活动:调研 HTML5 新特性和发展趋势

一、实践目的

1. 了解 HTML5 有哪些新特性?
2. 了解 HTML5 的优势和发展趋势。

二、实践要求

各学员通过查阅 HTML 相关数据资料、搜集网络文库资料和浏览网络论坛等方式完成。

三、实践内容

1. 研究 HTML5 的新特性,列出 HTML5 与其他版本的对比列表。
2. 列举 HTML5 在各行业各领域中的应用。
3. 分组讨论:汇总所有调研结果,讨论 HTML5 的发展趋势,学员讨论并提出自己的看法。

项目三

CSS 样式解析

任务一　光强调节界面样式设计

任务描述

学习 CSS 的语法、CSS 的选择器、CSS 的样式表等知识内容，完成光强调节界面样式的设计与程序编写。

任务目标

- 掌握 CSS 的语法。
- 掌握 CSS 的选择器的使用。
- 掌握 CSS 的样式表的创建及引用。

任务实施

本任务将要学习的“光强调节界面”样式如图 3-1 所示。

图 3-1　界面样式

界面中设计的各项内容如下：

- 在 head 中添加 CSS 样式，并设置元素内外边距、class 选择器样式、标签样式、id 选择器样式、鼠标旋风样式和图片样式。
- 在 body 中添加光强控制内容，添加标题、图片，添加“当前状态”，添加“打开、关闭按钮”。

一、了解 CSS

CSS(cascading style sheets)是指串联样式表，通常又称为“风格样式表(style sheet)”。CSS 是一种用来表现 HTML(标准通用标记语言的一个应用)或 XML(标准通用标记语言的一个子集)等文件样式的计算机语言，它不仅可以静态地修饰网页，还可以配合各种脚本语言动态地对网页各元素进行格式化。

CSS 是能够真正做到网页表现与内容分离的一种样式设计语言。相对于传统 HTML 的表现而言，CSS 能够对网页中元素位置的排版进行像素级精确控制，支持几乎所有的字体字号样式，拥有对网页对象和模型样式编辑的能力。

样式表用来定义如何显示 HTML 元素，就如 HTML 中的字体标签和颜色属性所起的作用。样式通常保存在外部的 . css 文件中。只需要编辑一个简单的 CSS 文档就可以改变所有页面的布局和外观。

(一)了解 CSS 语法

CSS 规则由选择器和声明(一条或多条)两个主要的部分构成，如图 3-2 所示。

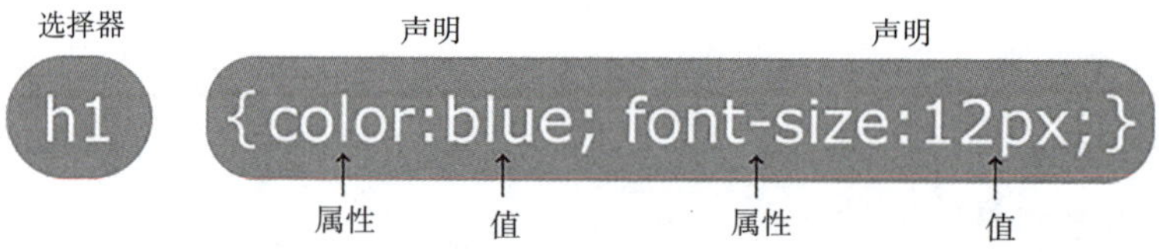

图 3-2　CSS 规则

选择器通常是需要改变样式的 HTML 元素。每条声明由一个属性和一个值组成。属性(property)是设置的样式属性(style attribute)，每个属性有一个值，属性和值被冒号隔开。

(1)CSS 声明示例

CSS 声明以分号“;”结束，以大括号“{}”括起来，示例代码如下：

```
p {color:red;text-align:center;}
```

为了让 CSS 的可读性更强，可以每行只描述一个属性，示例代码如下：

```
p
{
    color:red;
    text-align:center;
}
```

(2)CSS 注释

注释用来解释代码，并且可以随意编辑，浏览器通常会忽略注释语句。CSS 注释以“/ * ”开始，以“ * /”结束，示例代码如下：

```
/* 这是个注释* /
p
{
    text-align:center;
    /* 这是另一个注释* /
    color:black;
    font-family:arial;
}
```

（二）认识 CSS 选择器

在 HTML 元素中设置 CSS 样式时需要在元素中设置 id 和 class 选择器。

（1）id 选择器

id 选择器可以为标有特定 id 的 HTML 元素指定特定的样式。HTML 元素以 id 属性来设置 id 选择器，CSS 中 id 选择器以"#"来定义。例如以下的样式规则应用于元素属性 id="demo1"：

```
#demo1
{
    text-align:center;
    color:blue;
}
```

（2）class 选择器

有别于 id 选择器，class 选择器用于描述一组元素的样式，可以在多个元素中使用。class 选择器在 HTML 中以 class 属性表示，在 CSS 中，类选择器以一个点号"."显示。例如在下面的示例中，所有拥有 center 类的 HTML 元素均为居中。

```
.center {text-align:center;}
```

还可以使用 class 选择器指定特定 HTML 元素。例如，在下面的示例中，所有 p 元素使用 class="center" 让元素的文本居中。

```
p.center {text-align:center;}
```

二、CSS 样式

CSS 样式有外部样式（external style sheet）、内部样式（internal style sheet）、内联样式（inline style）三种。我们来看一下它们的不同应用场景和具体使用方法。

（一）外部样式

当样式需要应用于很多个页面时，通常选择外部样式。

在使用外部样式时，可以通过改变一个文件来改变整个站点的外观。每个页面使用<link>标签链接到样式表。<link>标签在（文档的）头部，示例代码如下：

```
<head>
    <link rel="stylesheet" type="text/css" href="mystyle.css">
</head>
```

浏览器会从文件 mystyle.css 中读取到样式声明，并根据样式声明来格式化文档。外部样式可以在任何文本编辑器中进行编辑。文件不能包含任何的 HTML 标签。样式应该以 .css 扩展名进行保存。示例代码如下：

```
hr {color:blue;}
p {margin-left:20px;}
body {background-color:grey;}
```

(二)内部样式

当单个文档需要特殊样式时，一般使用内部样式。使用<style>标签在文档头部定义内部样式，示例代码如下：

```
<head>
<style>
hr {color:blue;}
p {margin-left:20px;}
body{ background-color:grey;}
</style>
</head>
```

(三)内联样式

将样式和内容一起描述时，一般使用内联样式。内联样式会损失掉样式的许多优势，请慎用这种方法。当样式仅需要在一个元素上应用一次时，建议选择此方法。

使用内联样式，需要在相关的标签内使用样式(style)属性。style 属性可以包含任何 CSS 属性。例如，改变段落的颜色和左外边距，示例代码如下：

```
<p style="color:blue;">这是一个段落。</p>
```

(四)多重样式

当某些属性在不同的样式中被同样的选择器定义，属性值将从更具体的样式中继承过来。

例如，外部样式拥有针对 h3 选择器的三个属性，示例代码如下：

```
h3
{
    color:red;
    text-align:left;
    font-size:8pt;
}
```

内部样式表拥有针对 h3 选择器的两个属性，示例代码如下：

```
h3
{
    text-align:right;
    font-size:20pt;
}
```

拥有内部样式表的页面同时与外部样式表链接，h3 选择器得到的样式如下代码所示：

```
color:red;
text-align:right;
font-size:20pt;
```

即颜色属性将被继承于外部样式表，而文字排列(text-alignment)和字体尺寸(font-size)会被内部样式表中的规则取代。

(五)多重样式优先级

样式表允许以多种方式设定样式信息。样式可在单个 HTML 元素中、HTML 页的头元素中或在一个外部的 CSS 文件中,甚至可以在同一个 HTML 文档内部引用多个外部样式。示例代码如下:

```
<head>
    <!--外部样式 style.css-->
    <link rel="stylesheet" type="text/css" href="style.css"/>
    <!--设置:h3{color:blue;}-->
    <style type="text/css">
       /* 内部样式* /
       h3{color:green;}
    </style>
</head>
<body>
    <h3>测试! </h3>
</body>
```

一般情况下,多重样式优先级如下:

内联样式(inline style)>内部样式(internal style sheet)>外部样式(external style sheet)>浏览器默认样式。

注意:如果外部样式放在内部样式的后面,则外部样式将覆盖内部样式。

三、光强调节界面样式制作

(一)在 head 中添加标题和样式

1. 设置文档标题

在已完成的页面布局代码 head 部分添加文档标题,如图 3-3 所示。

```
<html>
    <head>
        <meta charset="utf-8" />
        <meta name="viewport" content="width=device-width, initial-scale=1">
        <title>光强调节界面样式</title>
    </head>
```

图 3-3　添加文档标题

2. 添加 CSS 样式

(1)设置全部元素内外边距

设置全部元素内边距为 0,外边距为 0,如图 3-4 所示。

```
<html>
    <head>
        <meta charset="utf-8" />
        <meta name="viewport" content="width=device-width, initial-scale=1">
        <title>光强调节界面样式</title>
        <style>
            /* 选择全部元素 */
            *{
                padding: 0;   /* 内边距*/
                margin: 0;    /* 外边距*/
            }
```

图 3-4　设置元素内外边距

(2)设置 class 选择器 container 元素样式

设置 container 宽度为 600,字体颜色为白色,背景颜色为 lightpink,外边距、上下边距为 20,左右边距为浏览器边距,内边距为 15,行高为 50,文本居中显示,如图 3-5 所示。

```
        padding: 0;  /* 内边距*/
        margin: 0;   /* 外边距*/
    }
    /* class选择器 */
    .container{
        width: 600px;
        color: white;
        background-color: lightpink;
        margin: 20px auto;
        padding: 15px;
        line-height: 50px;
        text-align: center;
    }
```

图 3-5　设置 container 元素样式

(3)设置四级标题标签

设置四级标题,字号设为 20,如图 3-6 所示。

```
<style>
    /* 选择全部元素 */
    *{ ··· 
    /* class选择器 */
    .container{ ··· 
    /* 标签选择 */
    h4{
        font-size: 20px;
    }
```

图 3-6　设置标签选择器

(4)设置 id 选择器颜色

设置 id 选择器颜色为 skyblue,如图 3-7 所示。

```
/* 标签选择 */
h4{ ··· 
/* id选择器 */
#details{
    color: skyblue;
}
```

图 3-7　设置 id 选择器颜色

(5)设置鼠标悬浮样式

设置鼠标悬浮样式颜色为 gray,如图 3-8 所示。

```
<style>
    /* 选择全部元素 */
    *{ ··· 
    /* class选择器 */
    .container{ ··· 
    /* 标签选择 */
    h4{ ··· 
    /* id选择器 */
    #details{ ··· 
    /* 鼠标悬浮样式 */
    #details:hover{
        color: gray;
    }
```

图 3-8　设置鼠标悬浮样式

(6)设置图片样式

设置图片宽度为 150,高度为 150,外边距、上下边距为 0,左右边距为浏览器边距,背景透明,图片路径为 ../img/lamp. png,图片不平铺,居左且上下居中显示,如图 3-9 所示。

```
<style>
    /* 选择全部元素 */
    *{ ··· 
    /* class选择器 */
    .container{ ··· 
    /* 标签选择 */
    h4{ ··· 
    /* id选择器 */
    #details{ ··· 
    /* 鼠标悬浮样式 */
    #details:hover{ ··· 
    /* 设置图片样式 */
    .container .img{
        width: 150px;
        height: 150px;
```

图 3-9　设置图片样式

至此,在 head 中添加标题和 CSS 样式等代码编写完毕,整体代码如图 3-10 所示。

```
    <meta charset="utf-8" />
    <meta name="viewport" content="width=device-width, initial-scale=1">
    <title>光强调节界面样式</title>
    <style>
        /* 选择全部元素 */
        *{
            padding: 0;  /* 内边距*/
            margin: 0;   /* 外边距*/
        }
        /* class选择器 */
        .container{
            width: 600px;
            color: white;
            background-color: lightpink;
            margin: 20px auto;
            padding: 15px;
            line-height: 50px;
            text-align: center;
        }
        /* 标签选择 */
        h4{
            font-size: 20px;
        }
        /* id选择器 */
        #details{
            color: skyblue;
        }
        /* 鼠标悬浮样式 */
        #details:hover{
            color: gray;
        }
        /* 设置图片样式 */
        .container .img{
            width: 150px;
            height: 150px;
            margin: 0 auto;
            background:  url('img/lamp.png') no-repeat left center;
        }
    </style>
</head>
```

图 3-10　在 head 中添加标题和 CSS 样式

(二)添加光强控制页面内容

在 body 中添加光强控制内容,如下:

- 添加四级标题“光强控制”。
- 添加 lamp 图片。
- 添加段落。标题为“当前状态:打开”。
- 添加按钮 div 模块。添加“打开”按钮、添加“关闭”按钮;
- id 选择器为“detail”,连接本页面,链接文本“详情”。

在 body 中添加控制界面内容代码完毕,如图 3-11 所示。

```
<body>
    <div class="container">
        <h4>光强控制</h4>
        <div class="img"></div>
        <p>当前状态: 打开</p>
        <div>
            <button>打开</button>
            <button>关闭</button>
        </div>
        <a id="details" href="#">详情</a>
    </div>
</body>
```

图 3-11　在 body 中添加控制页面内容

光强度调节界面的页面设计还需要设置页面背景颜色、页面图片显示、页面标题段落标签等内容,相关内容前面已经讲过,不再赘述。

(三)运行效果展示

HTML 页面及 CSS 样式编写完成后,通过浏览器查看页面,运行效果如图 3-12 所示。

图 3-12　光强调节界面运行效果

任务小结

通过本任务的学习,应当掌握 CSS 的含义、基本语法、多种选择器以及 CSS 样式创建与引用,可以运用这些知识提升网页的美观度。

任务二 温湿度环境监测界面样式设计

任务描述

学习 CSS 的基本样式、CSS 的定位、CSS 的框模型等知识内容，完成温湿度环境监测界面样式的设计与程序编写。

任务目标

- 掌握 CSS 的基本样式。
- 掌握 CSS 的定位。
- 掌握 CSS 的框模型。

任务实施

本任务将要学习的“温湿度环境监测界面”样式如图 3-13 所示。

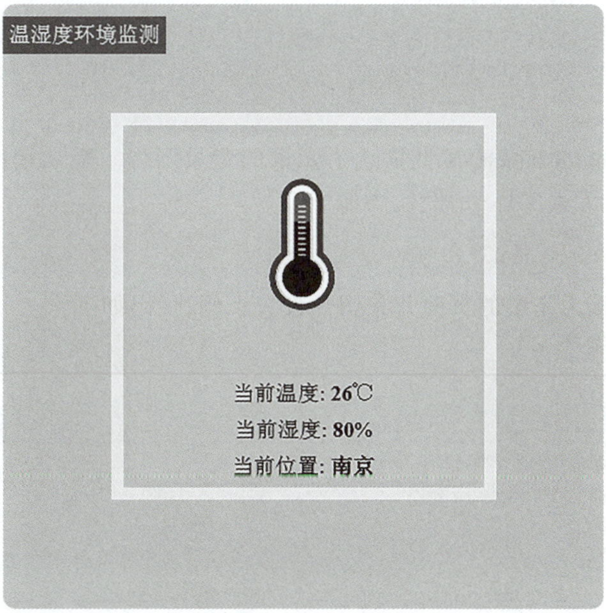

图 3-13 界面样式

界面中设计的各项内容如下：

- 创建外部 CSS 文件，并设置元素的内外边距和字号。
- 在 CSS 文件中添加代码，设置 class 选择器为 container 容器样式，设置浮动标题样式，设置 content 内容样式，以及 img 和 ul 样式。
- 在页面的 head 中添加标题，并引入 CSS 文件。
- 在 body 中添加页面显示内容，包括标题“温湿度环境监测”和 content 内容（温湿度计图片“img/wenshidu. png”和当前温度、湿度、位置的列表）。

一、CSS 基本样式

设置 CSS 样式属性一般包括背景、文本、字体、链接、列表、表格、轮廓等内容。

（一）CSS 背景属性

CSS 背景属性用于定义 HTML 元素的背景，该属性可定义的背景效果主要有背景颜色、背景图片、背景图像平铺、背景图形固定或随页面滚动、背景图形位置。

（1）背景颜色

背景颜色（background-color）属性定义了元素的背景颜色。该背景主要在 body 的选择器中使用，示例代码如下：

```
body {background-color:grey;}
```

CSS 中颜色值通常以以下方式定义：

- 十六进制，如#ff0000。
- RGB，如 rgb(255,0,0)。
- 颜色名称，如 red。

我们来看一个让 h1、p、和 div 元素拥有不同背景颜色的示例，代码如下：

```
h1 {background-color:#6495ed;}
p {background-color:#e0ffff;}
div {background-color:#b0c4de;}
```

（2）背景图像

背景图像（background-image）属性描述了元素的背景图像。默认情况下，背景图像是平铺重复显示，以覆盖整个元素实体，示例代码如下：

```
body {background-image:url('paper.GIF');}
```

我们再来看一个较为完整的页面背景图片设置示例，代码如下：

```
<!DOCTYPE html>
<html>
    <head>
        <meta charset="utf-8">
        <title>hello</title>
        <style>
            body {
                background-image:url('https://static.runoob.com/images/mix/
paper.GIF');
                background-color:#cccccc;
            }
        </style>
    </head>
    <body>
        <h1>HelloWorld! </h1>
    </body>
</html>
```

示例运行效果如图 3-14 所示。

图 3-14 页面背景图像设置示例

(3)背景图像平铺

默认情况下,背景图像平铺(background-image)属性会在页面的水平或者垂直方向平铺。但在具体实践中,选择水平平铺还是垂直平铺要根据美观程度而定。如下面的示例代码,gradient2. png 的像素尺寸比窗口小,若在水平方向与垂直方向都平铺,看起来会很不协调。

```
body{
    background-image:url('gradient2.png');
}
```

显示效果如图 3-15 所示。

图 3-15 背景图像水平垂直平铺示例

如果图像 gradient2. png 只在水平方向平铺(repeat-x),页面背景会更好看些,实现代码如下:

```
body{
    background-image:url('gradient2.png');
    background-repeat:repeat-x;
}
```

水平平铺显示效果如图 3-16 所示。

如果不让背景图像平铺,可以使用 background-repeat 属性,示例代码如下:

图 3-16　背景图像水平平铺示例

```
body{
    background-image:url('img_tree.png');
    background-repeat:no-repeat;
}
```

平铺和不平铺显示效果如图 3-17 和图 3-18 所示。

图 3-17　背景图像水平平铺效果

图 3-18　背景图像不平铺效果

(4)背景图像设置定位

背景图像设置定位(background-position)属性主要用来改变图像的位置,目的是让页面排版更加合理,不影响文本的阅读。例如我们可以让背景图像在页面的右上方显示,实现代码如下:

```
body{
    background-image:url('img_tree.png');
    background-repeat:no-repeat;
    background-position:right top;
}
```

代码的显示效果如图 3-19 所示。

图 3-19　设置背景图片位置为右上

background-position 属性值有 left top、left center、left bottom、right top、right center、right bottom、center top、center center、center bottom 等,可以根据具体需要进行不同的设置。

(5)背景简写属性

页面的背景内容需要通过很多属性来控制,为了简化属性的代码,可以将多个属性合并在同一个属性中。背景的简写属性为"background",示例代码如下:

```
body{background:#ffffff url('img_tree.png')no-repeat right top;}
```

当使用简写属性时,属性值的顺序为 background-color、background-image、background-repeat、background-attachment、background-position,这些属性无须全部使用,可以按照页面的实际需要使用。

(二)CSS 文本属性

CSS 文本属性包括文本颜色、文本排列、修饰、文本转换、缩进等。

注意:HTML 元素中设置 CSS 样式,需要在元素中设置"id"和"class"选择器。

(1)文本颜色

文本颜色(color-red)属性被用来设置文字的颜色,颜色定义方式可参考 CSS 背景中所讲,不再过多描述。这里只给出一个简单的示例,代码如下:

```
body{color:red;}
h1{color:#00ff00;}
h2{color:rgb(255,0,0);}
```

需要注意的是,对于 W3C 标准的 CSS,如果定义了颜色属性,还必须定义背景色属性。

(2)文本排列

文本排列(text-align)属性是用来设置文本的水平对齐方式,文本可居中、左/右对齐、两端对齐。当 text-align 设置为"justify",每一行会被展开为宽度相等且左、右外边距是对齐的(如杂志和报纸),示例代码如下:

```
h1 {text-align:center;}
p.date {text-align:right;}
p.main {text-align:justify;}
```

(3)文本修饰

文本修饰(text-decoration)属性用来设置或删除文本的装饰。从 Web 页面设计的角度看,text-decoration 属性主要是用来删除链接的下画线,示例代码如下:

```
a {text-decoration:none;}
```

也可以这样装饰文字,代码如下:

```
h1 {text-decoration:overline;}
h2 {text-decoration:line-through;}
h3 {text-decoration:underline;}
```

(4)文本转换

文本转换(text-transform)属性是用来指定在文本中的大写和小写字母。可用于所有字句变成大写或小写字母,或每个单词的首字母大写,示例代码如下:

```
p.uppercase {text-transform:uppercase;}
p.lowercase {text-transform:lowercase;}
p.capitalize {text-transform:capitalize;}
```

(5)文本缩进

文本缩进(text-indent)属性是用来指定文本第一行的缩进,示例代码如下:

```
p {text-indent:50px;}
```

(三)CSS 字体属性

CSS 字体属性用于控制网页上文本的显示样式,常见的 CSS 字体属性有定义字体、字体样式、加粗、字体大小、文字样式。

1. 定义字体

在 CSS 中,有两种类型的字体系列名称,如下:

- 通用字体系列,拥有相似外观的字体系统组合(如"Serif"或"Monospace")。
- 特定字体系列,一个特定的字体系列(如"Times"或"Courier")。

通用字体系列表如表 3-1 所示。

表 3-1 通用字体系列表

通用字体系列	字体系列	说　　明
Serif	Times New Roman Georgia	Serif 字体中字符在行的末端拥有额外的装饰
Sans-serif	Arial Verdana	Sans 是指无衬线,这些字体在末端没有额外的装饰
Monospace	Courier New Lucida Console	所有的等宽字符具有相同的宽度

CSS 中定义字体时会用的 font-family 属性来设置文本的字体系列。使用 font-family 属性时应该设置几个字体名称作为一种“后备”机制，如果浏览器不支持第一种字体，将尝试下一种字体。

注意：如果字体系列的名称超过一个字时，必须用引号，如 Font Family："宋体"。

定义多个字体系列时，应用一个逗号分隔指明，示例代码如下：

```
p{font-family:"Times New Roman",Times,serif;}
```

2. 字体样式

字体样式(font-style)主要用来指定斜体文字的字体样式，该属性有正常、斜体、倾斜的文字(文字向一边倾斜，和斜体类似)三个可选项，示例代码如下：

```
p.normal {font-style:normal;}
p.italic {font-style:italic;}
p.oblique {font-style:oblique;}
```

3. 字体大小

字体大小(font-size)属性用来设置文本的大小。文字的大小在网页设计中是非常重要的，字体大小的值可以是绝对或相对的大小。绝对大小是指设置一个指定大小的文本且不允许用户在所有浏览器中改变文本大小，这在确定了输出的物理尺寸时很有用；而相对大小是相对于周围的元素来设置大小，它允许用户在浏览器中改变文字大小。

注意：不能通过调整字体大小使段落看上去像标题，或者使标题看上去像段落。请务必使用正确的 HTML 标签：<h1>~<h6>表示标题和<p>表示段落。

在 CSS 中，如果不指定一个字体的大小，其默认大小和普通文本段落一样，是 16 像素(16px=1em)。

(1)设置字体大小像素

通过设置文字的大小像素，可以完全控制文字大小，示例代码如下：

```
h1 {font-size:40px;}
h2 {font-size:30px;}
p {font-size:14px;}
```

上面的示例可以在 IE、Firefox、Chrome、Opera 和 Safari 中通过缩放浏览器调整文本大小。虽然可以通过浏览器的缩放工具调整文本大小，但是，这种调整是针对整个页面的，而不仅仅是文本。

(2)用 em 来设置字体大小

为了避免 IE 浏览器中无法调整文本的问题，许多开发者使用 em 单位代替像素。em 的尺寸单位由 W3C 建议，1em 和当前字体大小相等。在浏览器中默认的文字大小是 16px，因此，1em 的默认大小是 16px。示例代码如下：

```
h1 {font-size:2.5em;}/* 40px/16=2.5em* /
h2 {font-size:1.875em;}/* 30px/16=1.875em* /
p {font-size:0.875em;}/* 14px/16=0.875em* /
```

如果使用 em 单位，可以在所有浏览器中调整文本大小。但是 IE 浏览器中调整文本的大小时，会比正常的尺寸更大或更小。

(3)使用百分比和 em 组合

在所有浏览器的解决方案中，设置<body>元素的默认字体大小的是百分比，示例代码如下：

```
body {font-size:100%;}
h1 {font-size:2.5em;}
h2 {font-size:1.875em;}
p {font-size:0.875em;}
```

经过以上的设置后,在所有浏览器中可以显示相同的文本大小,并允许所有浏览器缩放文本的大小。

(四)CSS 链接属性

1. 链接状态

链接的样式可以是任何 CSS 属性元素(如颜色,字体,背景等)。特殊的链接可以有不同的样式,这取决于它们是什么状态。

CSS 有如下四种链接状态:

- a:link,正常,未访问过的链接。
- a:visited,用户已访问过的链接。
- a:hover,当用户鼠标放在链接上时。
- a:active,链接被点击的那一刻。

关于 CSS 四种链接状态的示例代码如下:

```
a:link {color:#000000;}          /* 未访问链接* /
a:visited {color:#00FF00;}       /* 已访问链接* /
a:hover {color:#FF00FF;}         /* 鼠标移动到链接上* /
a:active {color:#0000FF;}        /* 鼠标点击时* /
```

当 CSS 的链接样式设置为多种链路状态时,请遵循一定的顺序规则,如下:

- a:hover 必须跟在 a:link 和 a:visited 后面。
- a:active 必须跟在 a:hover 后面。

2. 常见的链接样式

常见链接样式有链接颜色、文本修饰、背景颜色。

(1)链接颜色

color 属性用于设定链接颜色。不同链接状态下的链接颜色设定示例如下:

```
a:link {color:#000000;}          /* 未访问链接* /
a:visited {color:#00FF00;}       /* 已访问链接* /
a:hover {color:#FF00FF;}         /* 鼠标移动到链接上* /
a:active {color:#0000FF;}        /* 鼠标点击时* /
```

(2)文本修饰

text-decoration 属性主要用于删除链接中的下画线。不同链接状态下的文本修饰设定示例如下:

```
a:link {text-decoration:none;}
a:visited {text-decoration:none;}
a:hover {text-decoration:underline;}
a:active {text-decoration:underline;}
```

(3)背景颜色

background-color 属性用于指定链接的背景颜色。不同链接状态下的链接背景颜色设定示例如下：

```
a:link {background-color:#B2FF99;}
a:visited {background-color:#FFFF85;}
a:hover {background-color:#FF704D;}
a:active {background-color:#FF704D;}
```

（五）CSS 列表属性

前面我们已经讲过，HTML 中的列表类型分为有无序列表和有序列表两种。因此，CSS 列表属性作用如下：

- 设置不同的列表项标记为有序列表。
- 设置不同的列表项标记为无序列表。
- 设置列表项标记为图像。

1. 不同的列表项标记

list-style-type 属性用于指定列表项标记的类型，示例代码如下：

```
ul.a {list-style-type:circle;}
ul.b {list-style-type:square;}
ol.c {list-style-type:upper-roman;}
ol.d {list-style-type:lower-alpha;}
```

上面的代码中，有些值是无序列表，有些是有序列表。

2. 列表项标记的图像

list-style-image 属性用于指定列表项标记的图像，示例代码如下：

```
ul
{
    list-style-image:url('sqpurple.gif');
}
```

3. 浏览器兼容性解决方案

上面的示例在所有浏览器中显示并不相同，IE 和 Opera 显示图像标记比火狐、Chrome 和 Safari 高一点。如果想在所有的浏览器放置同样的形象标志，就应使用浏览器兼容性解决方案，示例代码如下：

```
ul
{
    list-style-type:none;
    padding:0px;
    margin:0px;
}
ul li
{
    background-image:url(sqpurple.gif);
    background-repeat:no-repeat;
    background-position:0px 5px;
    padding-left:14px;
}
```

我们来梳理一下上面这段代码中的关键项。

(1) ul 的作用如下：

- 设置列表类型为没有列表项标记。
- 设置填充和边距 0px(浏览器兼容性)。

(2) ul 中所有 li 的作用如下：

- 设置图像的 URL，并设置它只显示一次(无重复)。
- 需要的定位图像位置(左 0px 和上下 5px)。
- 用 padding-left 属性把文本置于列表中。

4. 简写属性

在单个属性中可以指定所有的列表属性，这就是列表的简写属性。为列表使用简写属性，列表样式属性设置如下：

```
ul { list-style:square url("sqpurple.GIF"); }
```

可以按 list-style-type、list-style-position、list-style-image 的顺序设置属性值。如果这些属性值丢失一个，其余仍在，指定的顺序就可正常设置。

(六) CSS 表格属性

使用 CSS 可以使 HTML 表格更美观。常用的表格属性包括指定表格边框、折叠表格边框、设定表格高度和宽度、设定文字表格对齐、表格填充、设定表格颜色等。

1. 指定表格边框

border 属性用于指定 CSS 表格边框。下面的示例指定了一个表格的 th 和 td 元素的黑色边框：

```
table,th,td
{
    border:1px solid black;
}
```

注意：上面示例中的表格有双边框，这是因为表格和 th/td 元素有独立的边界。

2. 折叠表格边框

border-collapse 属性用于设置表格单元格的边框，并指定表格是共享单独边框还是公共边框。border-collapse 属性的参数选择如下：

- separate：默认值。每个单元格的边框是独立的，不与其他单元格的边框合并。
- collapse：用于将相邻单元格的边框折叠为一个单一的边框，使两个或多个相邻的单元格共用一条边。
- initial：将 border-collapse 属性设置为其默认值，即 separate。
- inherit：当 border-collapse 属性从其父元素继承时使用。

示例代码如下：

```
table
{
    border-collapse:collapse;
}
table,th,td
{
    border:1px solid black;
}
```

3. 设定表格宽度和高度

width 和 height 两个属性用来定义表格的宽度和高度。下面的示例是设置宽度为 100%，th 元素高度为 50px 的表格，实现代码如下：

```
table
{
      width:100%;
}
th
{
      height:50px;
}
```

4. 设定表格文字对齐方式

text-align 属性设置水平对齐方式为左对齐、右对齐、居中。右对齐的示例代码如下：

```
td
{
      text-align:right;
}
```

vertical-align 属性用于设置表格的垂直对齐方式，比如顶部、底部、中间，示例代码如下：

```
td
{
      height:50px;
      vertical-align:bottom;
}
```

5. 表格填充

如果在表格内容中控制空格之间的边框，应使用 td 和 th 元素的填充属性 padding，示例代码如下：

```
td
{
      padding:15px;
}
```

6. 表格颜色

属性 border、background-color 用于指定表格边框的样式，以及 th 元素的文本和背景颜色，示例代码如下：

```
table,td,th
{
      border:1px solid green;
}
th
{
      background-color:green;
      color:white;
}
```

（七）CSS 轮廓

轮廓（outline）是绘制在元素周围的一条线，位于边框边缘的外围，可起到突出元素的作用。轮廓属性用于指定元素轮廓的样式、颜色和宽度，如图 3-20 所示。

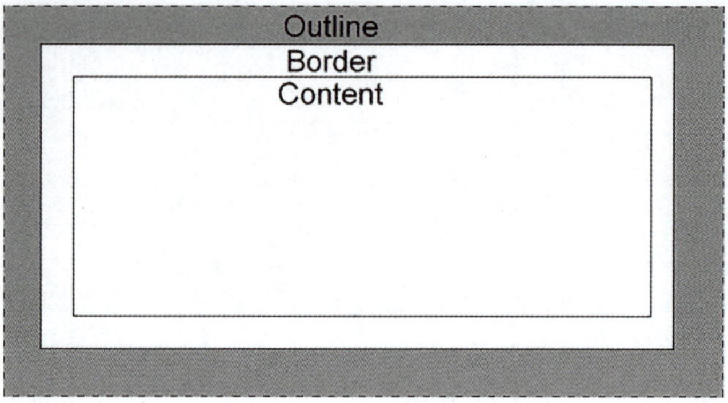

图 3-20　轮廓的属性

轮廓属性的说明与具体取值如表 3-2 所示。

表 3-2　轮廓属性表

属　性	说　明	值
outline	在一个声明中设置所有的轮廓属性	outline-color outline-style outline-width inherit
outline-color	设置轮廓的颜色	color-name hex-number rgb-number invert inherit
outline-style	设置轮廓的样式	none dotted dashed solid double groove ridge inset outset inherit
outline-width	设置轮廓的宽度	thin medium thick length inherit

设置轮廓的样式、颜色和宽度的示例代码如下：

```
p.one{
  border:1px solid red;
  outline-style:solid;
  outline-width:thin;
}
```

二、CSS 定位方式

position 属性指定了元素的定位方式。在 CSS 中，主要的定位方式有静态定位（static）、固定定位（fixed）、相对定位（relative）、绝对定位（absolute）和粘性定位（sticky）。设定 position 属性之后，元素可以使用顶部、底部、左侧和右侧属性定位。

1. 静态定位（static）

static 是 HTML 元素的默认值，即没有定位，遵循正常的文档流对象。

静态定位的元素不会受到 top、bottom、left、right 的影响，示例代码如下：

```
div.static {
      position:static;
      border:3px solid #73AD21;
}
```

2. 固定定位（fixed）

使用固定定位时，元素的位置相对于浏览器窗口是固定的，即使窗口是滚动的它也不会移动。示例代码如下：

```
p.pos_fixed
{
      position:fixed;
      top:30px;
      right:5px;
}
```

注意：在 IE7 和 IE8 下使用固定定位时需要描述！DOCTYPE。

使用固定定位时元素的位置与文档流无关，因此不占据空间。此外，使用固定定位的元素会和其他元素重叠。

3. 相对定位（relative）

使用相对定位时，元素的定位是相对其正常位置而言的，示例代码如下：

```
h2.pos_left
{
      position:relative;
      left:-20px;
}
h2.pos_right
{
      position:relative;
      left:20px;
}
```

移动相对定位元素时，它原本所占的空间不会改变。示例代码如下：

```
h2.pos_top
{
      position:relative;
      top:-50px;
}
```

在 CSS 中，相对定位元素经常被用来作为绝对定位元素的容器块。

4. 绝对定位(absolute)

使用绝对定位时，元素的位置是相对于最近的已定位父元素的。如果该元素没有已定位的父元素，那么它的位置是相对于<html>的。示例代码如下：

```
h2
{
     position:absolute;
     left:100px;
     top:150px;
}
```

使用绝对定位时元素位置同样与文档流无关，因此不占据空间。此外，使用绝对定位的元素会和其他元素重叠。

5. 粘性定位(sticky)

使用粘性定位的元素依赖于用户的滚动，在 position:relative 定位与 position:fixed 定位之间切换。元素定位表现为在跨越特定阈值前为相对定位，之后为固定定位。这个特定阈值指的是 top、right、bottom 或 left 之一。换言之，需要指定 top、right、bottom 或 left 四个阈值之一，才可使粘性定位生效。否则其行为与相对定位相同。

注意：Internet Explorer、Edge 15 及更早的 IE 版本不支持 sticky 定位。

Safari 浏览器需要使用-webkit-prefix，示例代码如下：

```
div.sticky {
      position:-webkit-sticky;/* Safari* /
      position:sticky;
      top:0;
      background-color:green;
      border:2px solid #4CAF50;
}
```

6. 重叠的元素

元素的定位与文档流无关，所以它们可以覆盖页面上的其他元素。z-index 是 CSS 中一个非常重要的属性，它通过控制元素的堆叠顺序(哪个元素应该放在前面或后面)来影响页面的视觉效果。理解 z-index 的工作原理和用法可以帮助我们更好地控制页面布局和实现复杂的视觉效果。一个元素可以有正数或负数的堆叠顺序，示例代码如下：

```
img
{
     position:absolute;
     left:0px;
```

```
    top:0px;
    z-index:-1;
}
```

具有更高堆叠顺序的元素总是在较低的堆叠顺序元素的前面。

注意：如果两个定位元素重叠，没有指定 z-index，最后定位在 HTML 代码中的元素将被显示在最前面。

三、CSS 盒子模型

CSS 盒子模型本质上是一个盒子，用来封装周围的 HTML 元素，这些元素包括边距、边框、填充和实际内容。盒子模型允许在其他元素和周围元素边框之间的空间放置元素。

图 3-21 直观地说明了盒子模型（box model）的结构和特点。

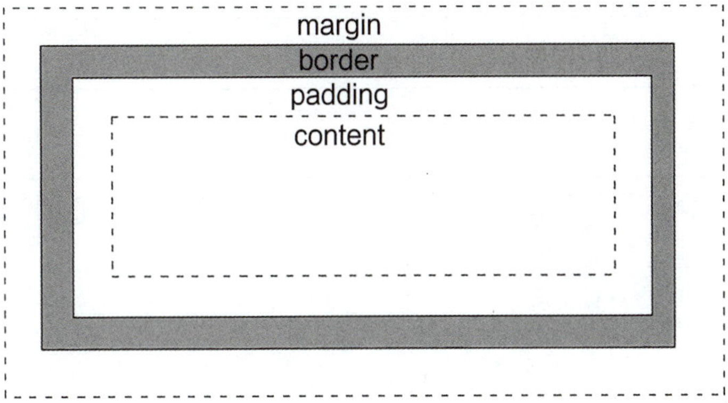

图 3-21　盒子模型

接下来我们说一下盒子模型中不同部分的功能。

- margin（外边距）：清除边框外的区域，外边距是透明的。
- border（边框）：围绕在内边距和内容外的边框。
- padding（内边距）：清除内容周围的区域，内边距是透明的。
- content（内容）：盒子的内容，显示文本和图像。

为了正确设置元素在所有浏览器中的宽度和高度，需了解盒子模型的工作原理。

（一）元素的宽度和高度

当指定一个 CSS 元素的宽度和高度属性时，只是设置内容区域的宽度和高度。完整大小的元素，还必须添加内边距、边框和边距。例如下面的示例中元素的总宽度为 300px。

```
div {
    width:300px;
    border:25px solid green;
    padding:25px;
    margin:25px;
}
```

计算示例中的宽度：

300px（宽）+50px（左+右填充）+50px（左+右边框）+50px（左+右边距）= 450px

设置总宽度为 250 像素的元素，示例代码如下：

```
div {
    width:220px;
    padding:10px;
    border:5px solid gray;
    margin:0;
}
```

元素总宽度的最终计算公式：

元素的总宽度=宽度+左填充+右填充+左边框+右边框+左边距+右边距

元素的总高度最终计算公式：

元素的总高度=高度+顶部填充+底部填充+上边框+下边框+上边距+下边距

(二)CSS 边框

CSS 边框的属性包括边框样式、宽度、颜色，如图 3-22 所示。

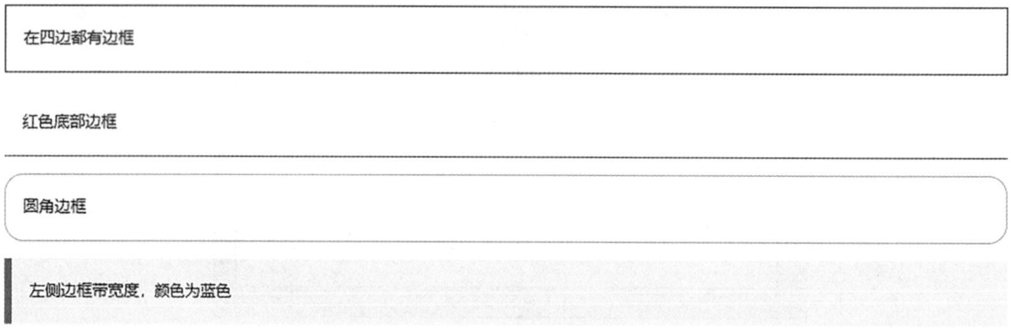

图 3-22　边框属性

1. 边框样式

边框样式属性 border-style 主要用来指定显示什么样的边界。border-style 属性的具体取值与说明如图 3-23 所示。

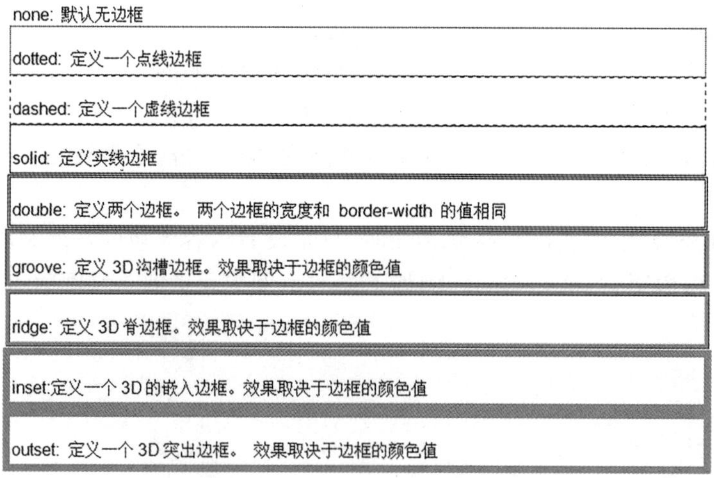

图 3-23　边框样式取值说明

2. 边框宽度

为边框指定宽度有如下两种方法：

- 指定长度值，比如 2px 或 0. 1em(单位为 px、pt、cm、em 等)。

- 使用 3 个关键字之一，分别是 thick、medium（默认值）和 thin。

注意： CSS 中并没有定义 3 个关键字的具体宽度，所以一个用户可能把 thick、medium 和 thin 分别设置为等于 5px、3px 和 2px，而另一个用户则分别设置为 3px、2px 和 1px，示例代码如下：

```
p.one
{
    border-style:solid;
    border-width:5px;
}
p.two
{
    border-style:solid;
    border-width:medium;
}
```

3. 边框颜色

border-color 属性用于设置边框的颜色。可以设置的颜色属性值如下：

- name：指定颜色的名称，如 red。
- RGB：指定 RGB 值，如 rgb(255,0,0)。
- Hex：指定十六进制值，如#ff0000。

还可以设置边框的颜色为 transparent。

注意： border-color 单独使用是不起作用的，必须先使用 border-style 来设置边框样式，示例代码如下：

```
p.one
{
    border-style:solid;
    border-color:red;
}
p.two
{
    border-style:solid;
    border-color:#98bf21;
}
```

4. 单独设置各边框

在 CSS 中，可以使用属性 border-style 单独指定不同侧面不同的边框，示例代码如下：

```
p
{
    border-top-style:dotted;
    border-right-style:solid;
    border-bottom-style:dotted;
    border-left-style:solid;
}
```

上面的示例中也可以设置一个单一属性，示例代码如下：

```
border-style:dotted solid;
```

border-style 属性可以有四种不同的取值,我们来看一下。

(1)border-style:dotted solid double dashed;

- 上边框是 dotted
- 右边框是 solid
- 底边框是 double
- 左边框是 dashed

(2)border-style:dotted solid double;

- 上边框是 dotted
- 左、右边框是 solid
- 底边框是 double

(3)border-style:dotted solid;

- 上、底边框是 dotted
- 右、左边框是 solid

border-style:dotted;

在这个类型的取值中,四面边框是 dotted

注意:上面的例子用了 border-style。它也可以和 border-width、border-color 一起使用。

5. 边框简写属性

上面的示例中使用了很多属性来设置边框,我们也可以使用边框简写属性在一个属性中设置边框。在"border"属性中设置如下:

- border-width
- border-style(required)
- border-color。

我们来看一个具体的示例代码:

```
border:5px solid red;
```

(三)CSS 外边距

CSS margin(外边距)属性定义元素周围的空间,该属性用于清除周围的(外边框)元素区域。margin 没有背景颜色,是完全透明的。margin 可以单独改变元素的上、下、左、右边距,也可以一次改变所有的属性,如图 3-24 所示。

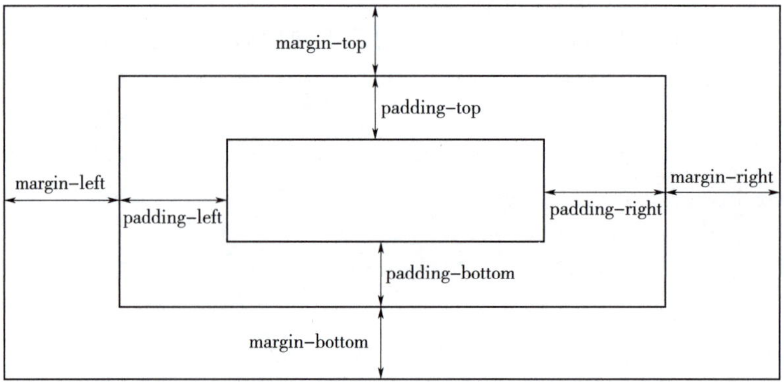

图 3-24 CSS 外边距

margin 属性的取值如表 3-3 所示。

表 3-3　margin 取值表

值	说　明
auto	设置浏览器边距。这样做的结果会依赖于浏览器
length	定义一个固定的 margin(使用像素、pt、em 等)
%	定义一个使用百分比的边距

margin 属性可以使用负值和重叠的内容。

1. 单边外边距属性

在 CSS 中,它可以指定不同的侧面不同的边距。

```
margin-top:100px;
margin-bottom:100px;
margin-right:50px;
margin-left:50px;
```

2. 简写属性

为了提升代码使用效率,我们同样可以在一个属性 margin 中指定所有边距属性。例如下面的示例代码:

```
margin:100px 50px;
```

margin 简写属性可以有四种不同的取值,我们来看一下。

(1) margin:25px 50px 75px 100px;

- 上边距为 25px
- 右边距为 50px
- 下边距为 75px
- 左边距为 100px

(2) margin:25px 50px 75px;

- 上边距为 25px
- 左右边距为 50px
- 下边距为 75px

(3) margin:25px 50px;

- 上下边距为 25px
- 左右边距为 50px

(4) margin:25px;

在这个类型的取值中,4 个边距都是 25px。

(四) CSS padding(填充)

CSS padding(填充)属性用来定义元素边框与元素内容之间的空间,即上下左右的内边距。

当元素的内边距被清除时,元素背景颜色将填充所释放的区域。单独使用 padding 属性可以改变上下左右的填充,如图 3-25 所示。

padding 属性取值如表 3-4 所示。

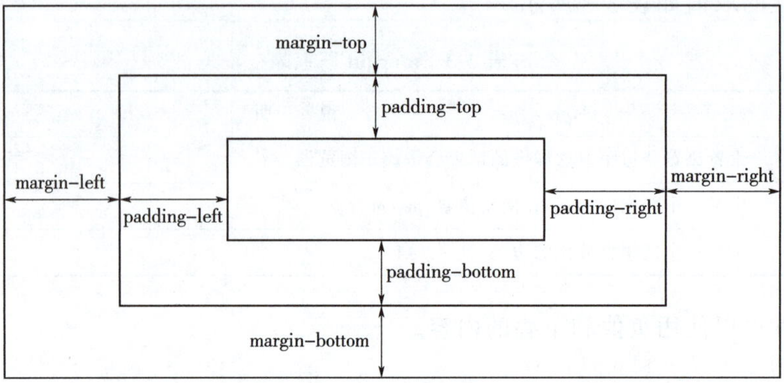

图 3-25 CSS 内边距

表 3-4 pidding 取值表

值	说 明
length	定义一个固定的填充(像素、pt、em 等)
%	使用百分比值定义一个填充

1. 单边内边距属性

在 CSS 中,padding 属性可以指定对不同的侧面进行不同的填充,示例代码如下:

```
padding-top:25px;
padding-bottom:25px;
padding-right:50px;
padding-left:50px;
```

在上面的示例代码中,内边距是 25px,右内边距是 50px,下内边距是 25px,左内边距是 50px。

2. 简写属性

padding 属性同样有自己的简写属性,示例代码如下:

```
padding:25px 50px;
```

Padding 简写属性可以有四种不同的取值,我们来看一下。

(1) padding:25px 50px 75px 100px;

- 上填充为 25px;
- 右填充为 50px;
- 下填充为 75px;
- 左填充为 100px。

(2) padding:25px 50px 75px;

- 上填充为 25px;
- 左右填充为 50px;
- 下填充为 75px。

(3) padding:25px 50px;

- 上下填充为 25px;
- 左右填充为 50px。

(4) padding:25px;

在这个类型的取值中,所有的填充都是 25px。

四、温湿度环境监测界面样式制作

(一)创建外部 CSS 文件

在项目资源管理器中选择刚才新建的项目,单击"文件"→"新建",并选择"css 文件"命令,如图 3-26 所示。

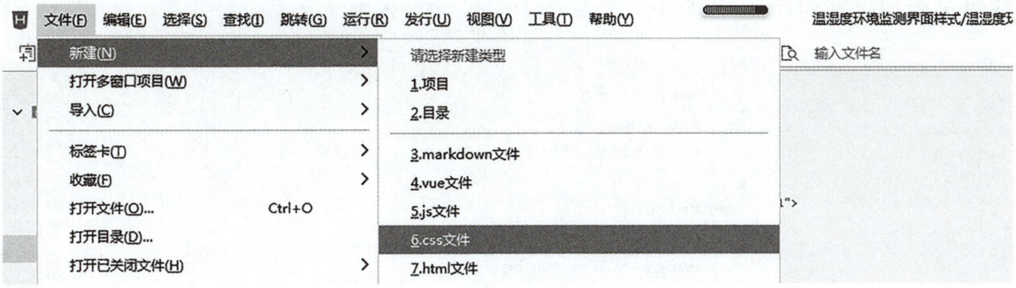

图 3-26　创建外部 CSS 文件

设置文件名(style. css)和保存路径,然后单击"创建"按钮,如图 3-27 所示。

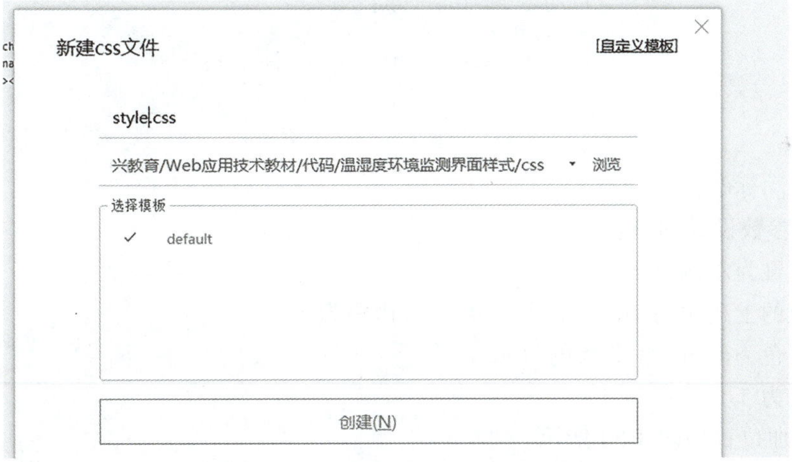

图 3-27　设置文件名和保存路径

(二)设计温湿度环境监测界面 CSS 样式

接下来我们将设计温湿度环境监测界面 CSS 样式,并将样式代码写入 style. css 文件中。

1. 设置全部元素 CSS 样式

设置全部元素内边距为 0,外边距为 0,字号为 18,如图 3-28 所示。

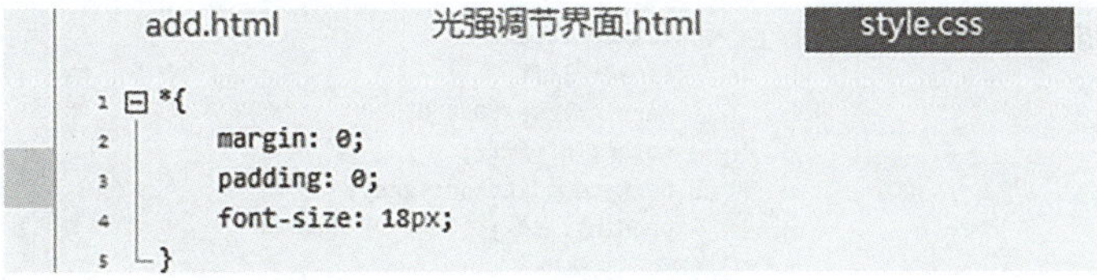

图 3-28　设置全部元素样式

2. 设置 class 选择器 container 元素样式

各元素参数设置如下：

- container 位置为 relative（相对定位）。
- 外边距，上下边距为 50，左右边距为浏览器边距；宽度为 500，高度为 500。
- 背景颜色为 peachpuff。
- 边框为圆角，半径为 10。
- 边框与水平阴影为 1，垂直阴影为 1，阴影模糊距离为 30，阴影颜色为#ffffff。

代码及添加位置如图 3-29 所示。

```
*{
    margin: 0;
    padding: 0;
    font-size: 18px;
}
.container{
    position: relative;
    margin: 50px auto;
    width: 500px;
    height: 500px;
    background-color: peachpuff;
    /* 圆角 */
    border-radius: 10px;
    /* 阴影 */
    box-shadow: 1px 1px 30px #ffffff;
}
```

图 3-29 设置 container 元素样式

3. 设置浮动标题样式

浮动标题参数设置如下：

- float 设置为左侧浮动。
- 外边距的上边距为 10、下边距为 0、左右边距为 0。
- 标题颜色为#ffffff；背景颜色为 grey。
- 内边距为 5。

代码及添加位置如图 3-30 所示。

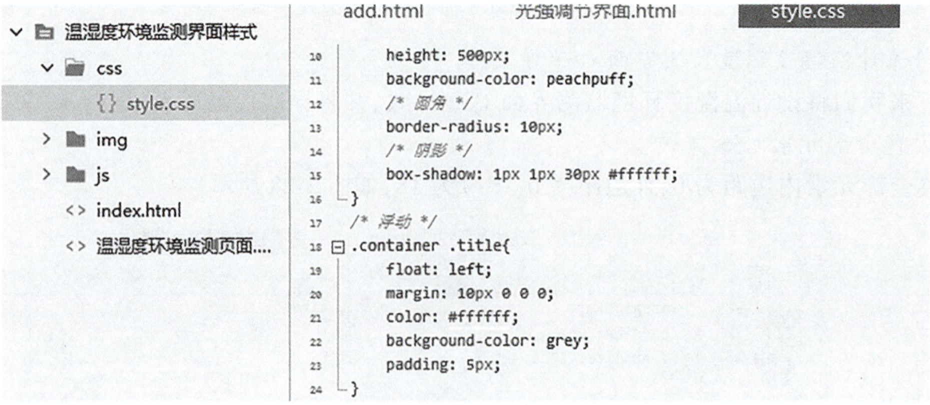

图 3-30 设置浮动标题样式

4. 设置 content 样式

content 样式参数设置如下：

- content 宽度为 300，高度为 300t；文本居中显示；行高为 30。
- 背景颜色为 Aqua；文本颜色为 Black。
- 边框线宽为 10，颜色为 solid lightgoldenrodyellow。
- 边框阴影。水平阴影为 0，垂直阴影为 0，阴影模糊距离为 15，阴影颜色为 papayawhip，边框样式为 inset(3D 嵌入边框)。
- 位置设置。相对于 container 绝对定位，上部为 240，左边为 240。
- 外边距的上边距为-150，左边距为-150。

代码及添加位置如图 3-31 所示。

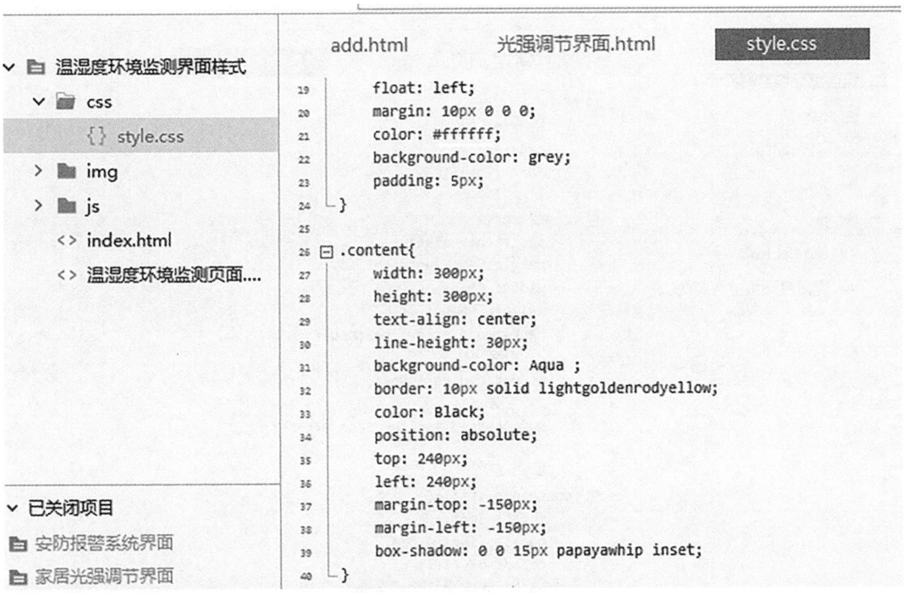

图 3-31　设置 content 样式

5. 设置 content img 样式

content img 样式参数设置如下：

- 图片宽度为 80。
- 外边距。上下边距为 40，左右边距为 0。

代码及添加位置如图 3-32 所示。

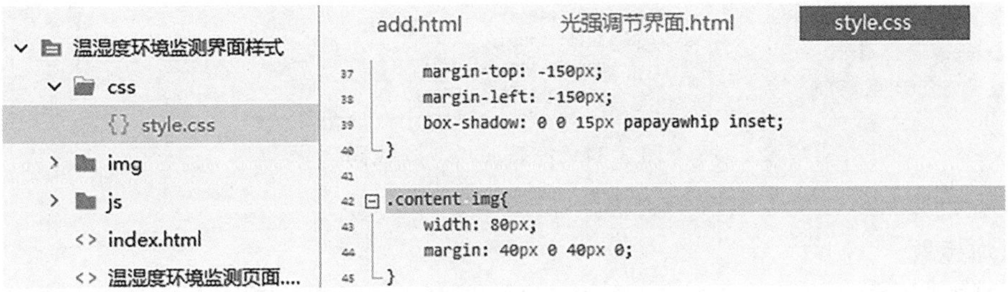

图 3-32　设置 content img 样式

6. 设置 content ul 样式

设置 content ul 样式参数时,将无序列表 list-style 设为 none 即可,代码及添加位置如图 3-33 所示。

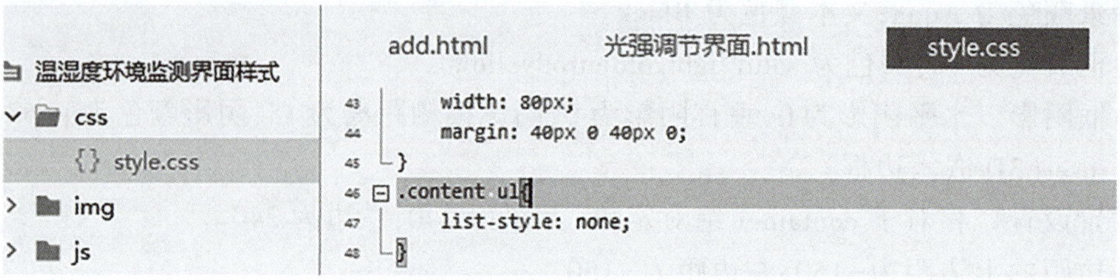

图 3-33　设置 content ul 样式

在 style. css 文件中添加 CSS 样式设计代码完毕,如图 3-34 所示。

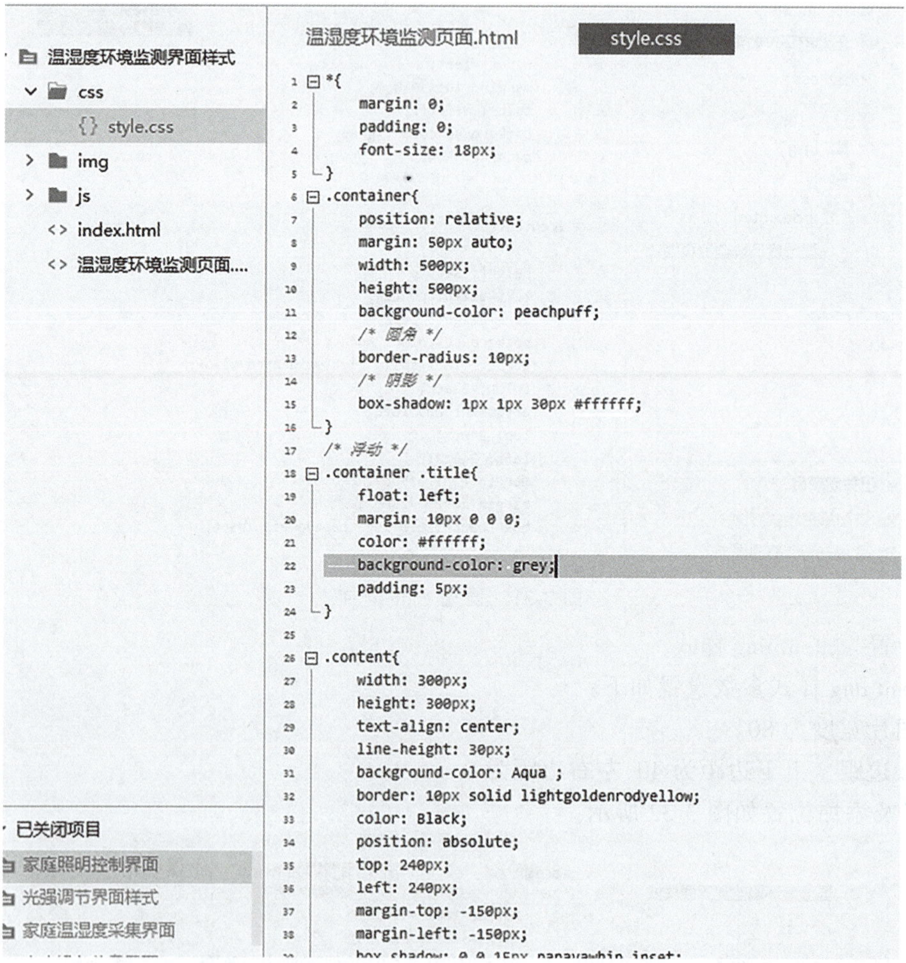

图 3-34　完整 style. css 代码

(三)添加温湿度环境监测页面内容

1. 添加标题

在已创建的“温湿度环境监测页面 . html”文件的 head 部分添加文档标题“温湿度环境监测”,代码及添加位置如图 3-35 所示。

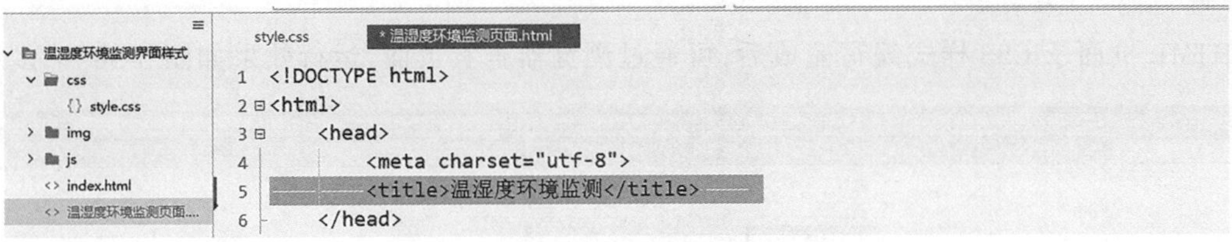

图 3-35　添加标题

2. 在 head 中引入 css 文件

接下来我们需要在 head 部分中引入 CSS 外部文件“style. css”，代码及添加位置如图 3-36 所示。

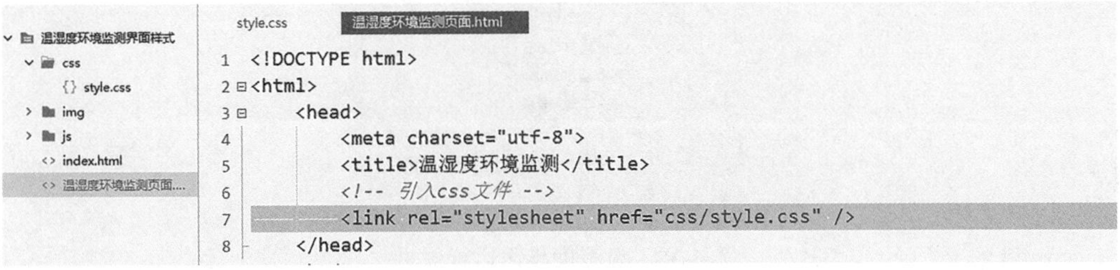

图 3-36　引入 CSS 外部文件

3. 在 body 中添加环境监测页面内容

在 body 中添加 container 的内容：

(1)添加浮动标题“温湿度环境监测”。

(2)添加插入 content，其中包含：

- 添加图片路径 img/wenshidu. png。
- 添加无序列表内容。将当前温度、湿度和位置分别设置为 26 ℃、80% 和南京。其中，“26”“80”“南京”为加粗显示。

至此，在 body 中添加控制界面内容代码完毕，代码及添加位置如图 3-37 所示。

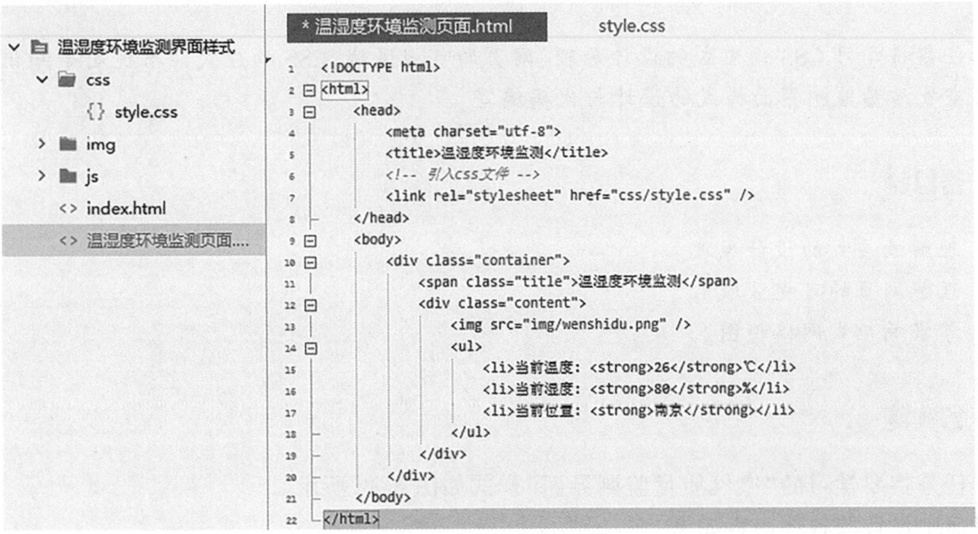

图 3-37　页面内容代码

(四)运行效果展示

HTML 页面及 CSS 样式编写完成后，可通过浏览器查看页面，运行效果如图 3-38 所示。

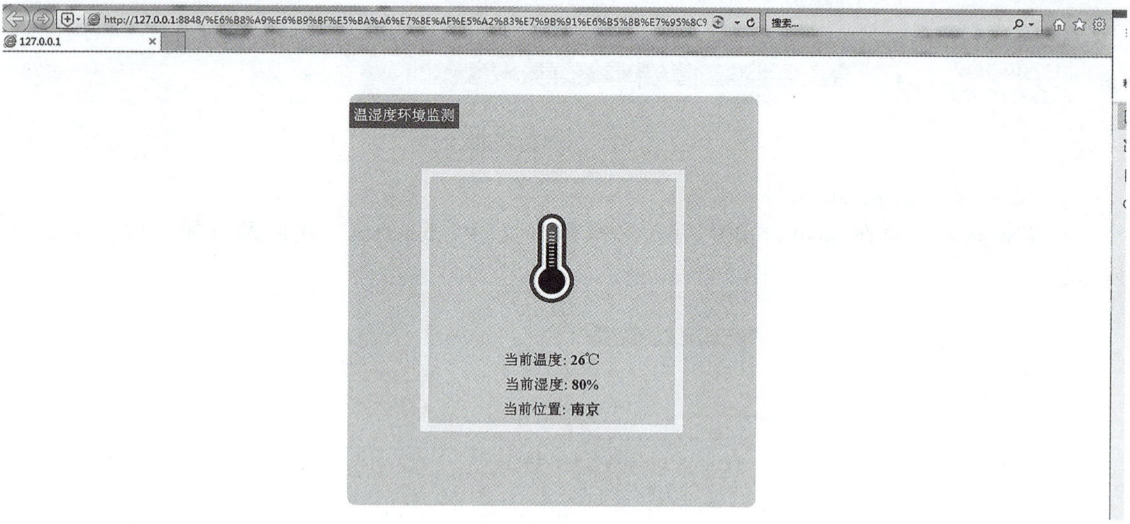

图 3-38　温湿度界面运行效果

任务小结

通过本任务的学习，读者可以掌握 CSS 的基本样式、CSS 的定位，以及 CSS 的多种框模型的原理和基本知识，并运用这些知识来提升网页的美观度。

任务三　空气质量监测界面样式设计

任务描述

本任务将学习 CSS 响应式的设计原理、网页的可视区域、CSS 响应式网格视图等知识内容，并完成空气质量监测界面样式的设计与代码编写。

任务目标

- 理解响应式的设计原理。
- 理解网页的可视区域。
- 掌握响应式网格视图。

任务实施

本任务将要学习的“空气质量监测界面”样式如图 3-39 所示。

界面中设计的各项内容如下：

- 在 CSS 文件中添加代码，设置元素边距、边框模式、网格视图 row 样式、header 样式。

图 3-39 界面样式

- 在页面的 head 中设置可视区域，并引入 CSS 文件。
- 在 body 中添加页面显示内容，具体包括添加 header 二级标题“PM2.5 监测”；添加“当前 PM2.5”“空气质量”“时间列表”row 内容。

一、认识响应式设计

响应式 Web 设计是一种能够让网页在所有设备上都能良好显示的设计方法，它可以根据不同的设备和屏幕尺寸自动调整页面的布局、样式和内容，以提供一致的用户体验。响应式 Web 设计只使用 HTML 和 CSS，它并不是一个程序或 JavaScript 脚本。

响应式 Web 设计可以让网页可以在任何设备上进行展示和操作，包括桌面设备、平板设备、手机设备等。网页可以根据设备屏幕的大小自动调整内容，如图 3-40 所示。

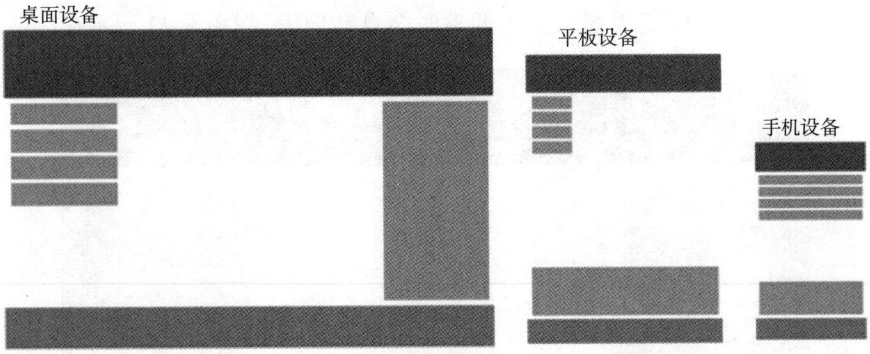

图 3-40 根据不同设备自动调整展示内容

二、网页的可视区域

viewport 是指用户网页的可视区域。手机浏览器是把页面放在一个虚拟的“窗口”（viewport）中，通常这个虚拟的“窗口”比屏幕宽，这样就不用把每个网页挤到很小的窗口中，用户可以通过平移和缩放来看网页的不同部分。

通常情况下，一个针对移动网页优化过的页面的 viewport meta 标签大致如下：

```
<meta name="viewport" content="width=device-width,initial-scale=1.0">}
```

下面我们来梳理一下 viewport meta 标签中各属性的含义。

- width：控制 viewport 的大小，它可以是指定的一个值，如 600；也可以是特殊的值，如上面标签中的 device-width 为设备的宽度（单位是缩放比例为 100% 时的 CSS 的像素）。

- height：与 width 相对应，指定高度。
- initial-scale：初始缩放比例，即当页面第一次 load 时的缩放比例。
- maximum-scale：允许用户缩放到的最大比例。
- minimum-scale：允许用户缩放到的最小比例。
- user-scalable：用户是否可以手动缩放。

三、CSS 网格视图

CSS 网格布局是一种二维布局系统，它将网页页面划分为行和列的网格结构，允许开发者将元素精确地放置在这些网格单元格中，从而实现对页面布局的精细控制。图 3-41 便是按照列来布局的网格视图。

图 3-41　网格视图列布局

使用网格视图时，向网页添加元素变得简单，可提升网页的设计效率。响应式网格视图通常是 12 列，宽度为 100%，浏览器窗口大小调整时会自动伸缩，如图 3-42 所示。

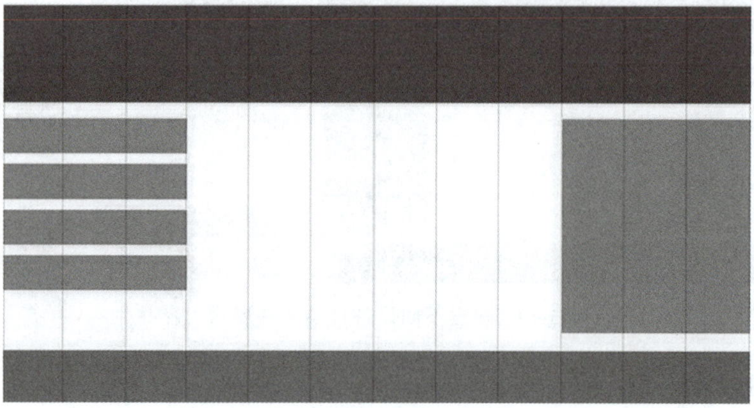

图 3-42　响应式网格视图

（一）创建简单的响应式网格视图

创建一个响应式网格视图之前，要确保所有的 HTML 元素都有 box-sizing 属性，且属性设置为 border-box，并确保边距和边框包含在元素的宽度和高度之间。

```
* {
    box-sizing:border-box;
}
```

下面的示例代码演示了如何创建简单的响应式网页（包含两列）：

```
<!DOCTYPE html>
<html>
    <head>
        <meta name="viewport" content="width=device-width,initial-scale=1.0">
        <meta charset="utf-8">
        <title>响应式网格视图</title>
        <style>
            * {
                box-sizing:border-box;
            }
            .header {
                border:1px solid red;
                padding:15px;
            }
                                    .menu {
                                        width:25%;
                                        float:left;
                                        padding:15px;
                                        border:1px solid red;
                                    }
                                    .main {
                                        width:75%;
                                        float:left;
                                        padding:15px;
                                        border:1px solid red;
                                    }
                                </style>
    </head>
    <body>
        <div class="header">
            <h1>Chania</h1>
        </div>
        <div class="menu">
            <ul>
                <li>The Flight</li>
            </ul>
        </div>
        <div class="main">
            <h1>The City</h1>
        </div>
    </body>
                        </html>
```

运行效果如图 3-43 所示。

(二)创建包含 12 列的网格系统

在具体的网页设计实践中,包含 12 列的网格系统可以更好地控制响应式网页。

首先我们需要计算每列的百分比为 8.33%。在每列中指定 class,class="col-"用于定义每列有几个 span,示例代码如下:

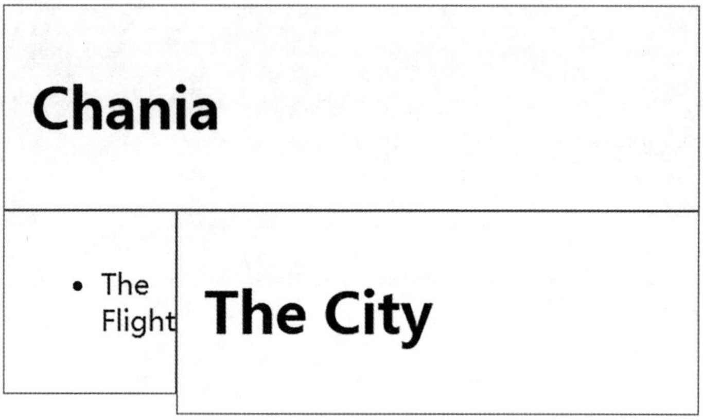

图 3-43　创建包含两列的响应式网格视图

```
.col-1 {width:8.33%;}
.col-2 {width:16.66%;}
.col-3 {width:25%;}
.col-4 {width:33.33%;}
.col-5 {width:41.66%;}
.col-6 {width:50%;}
.col-7 {width:58.33%;}
.col-8 {width:66.66%;}
.col-9 {width:75%;}
.col-10 {width:83.33%;}
.col-11 {width:91.66%;}
.col-12 {width:100%;}
```

所有的列设置为向左浮动,间距(padding)为 15px,实现代码如下:

```
[class* ="col-"] {
      float:left;
      padding:15px;
      border:1px solid red;
}
```

每一行使用<div>包裹。所有列数加起来应为 12,实现代码如下:

```
<div class="row">
     <div class="col-3">...</div>
     <div class="col-9">...</div>
</div>
```

列中的行设置为左浮动,并添加清除浮动,实现代码如下:

```
.row:after {
     content:"";
     clear:both;
     display:block;
}
```

添加一些样式和颜色来美化界面，实现代码如下：

```
html {
    font-family:"Lucida Sans",sans-serif;
}
.header {
    background-color:#9933cc;
    color:#ffffff;
    padding:15px;
}
.menu ul {
    list-style-type:none;
    margin:0;
    padding:0;
}
.menu li {
    padding:8px;
    margin-bottom:7px;
    background-color :#33b5e5;
    color:#ffffff;
    box-shadow:0 1px 3pxrgba(0,0,0,0.12),0 1px 2px rgba(0,0,0,0.24);
}
.menu li:hover {
    background-color:#0099cc;
}
```

响应式显示效果如图 3-44 所示。

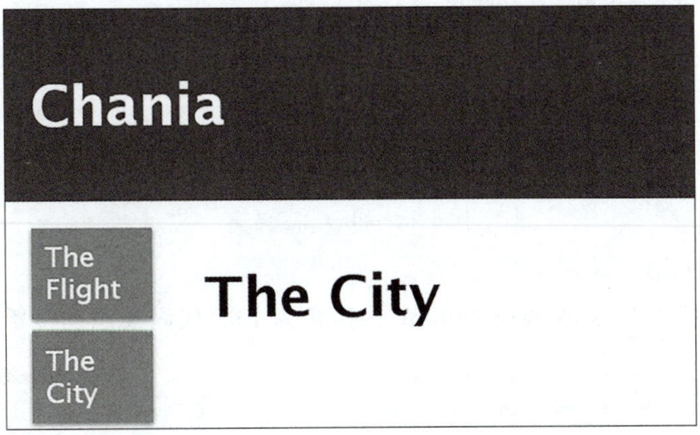

图 3-44　响应式网格视图效果

四、空气质量监测界面样式制作

(一)设计空气质量监测界面 CSS 样式

接下来我们将设计空气质量监测界面 CSS 样式，并将样式代码写入 style. css 文件中。

1. 设置全部元素 CSS 样式

设置元素的总高度和宽度为包含内边距和边框模式，内边距设置为 0，外边距设置为 0。代码及添加位置如图 3-45 所示。

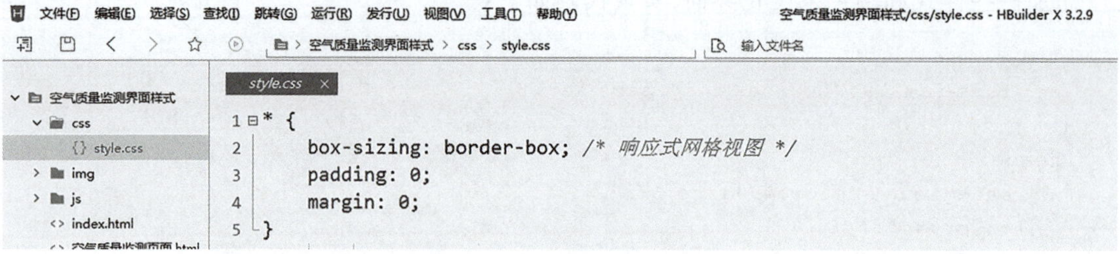

图 3-45 设置全部元素样式

2. 设置网格视图 row 样式

row 样式参数设置如下：

- 宽度为 500，高度为 200。
- 外边距。上下边距为 40，左右边距为浏览器边距。
- 内边距为 15；文本居中显示。
- 背景颜色为#FFDAB9；文本颜色为#808080。

代码及添加位置如图 3-46 所示。

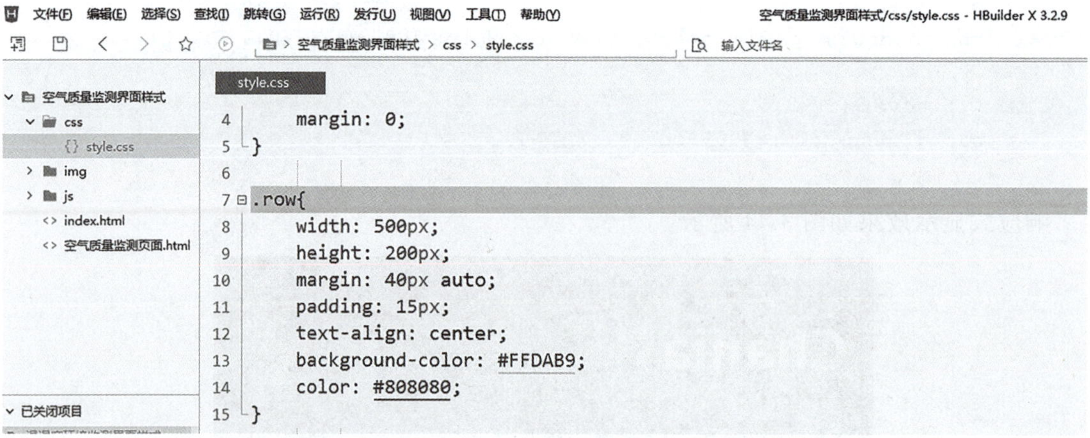

图 3-46 设置 row 样式

3. 设置 header 样式

背景颜色为#87CEEB，文本颜色为#ffffff，内边距为 15。代码及添加位置如图 3-47 所示。

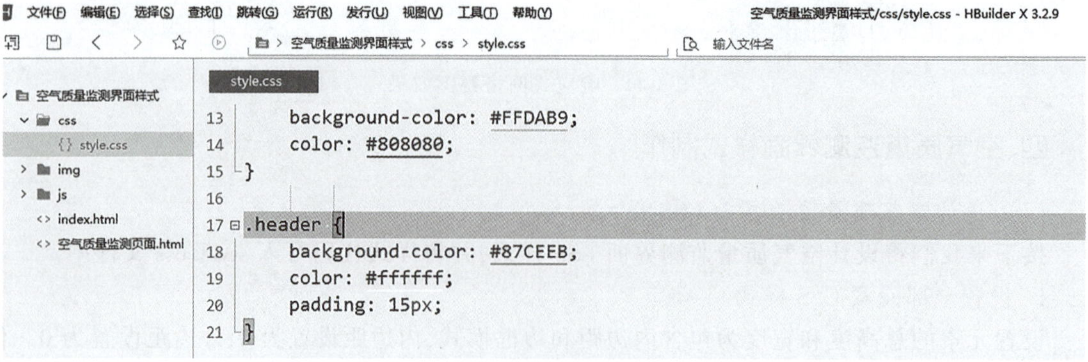

图 3-47 设置 header 样式

在 style. css 文件中添加 CSS 样式设计代码完毕，完整代码如图 3-48 所示。

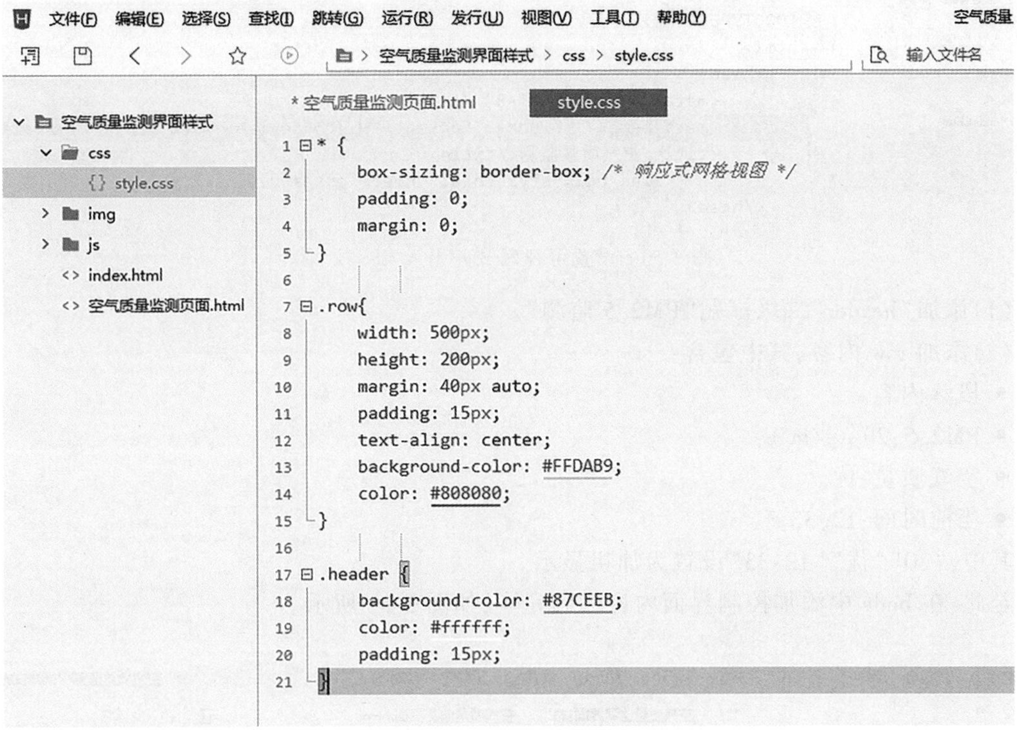

图 3-48 完整 style. css 代码

（二）添加空气质量监测页面内容

1. 添加标题

在已完成的“空气质量监测页面. html”文件的 head 部分添加文档标题“空气质量监测”，代码及添加位置如图 3-49 所示。

图 3-49 添加标题

2. 在 head 中引入 css 文件

首先设置可视区域名称为“viewport”，宽度为设备宽度，缩放为初始缩放比例；然后引入 CSS 外部文件 style. css。代码及添加位置如图 3-50 所示。

3. 在 body 中添加空气质量监测页面内容

在 body 中添加界面内容，具体如下：

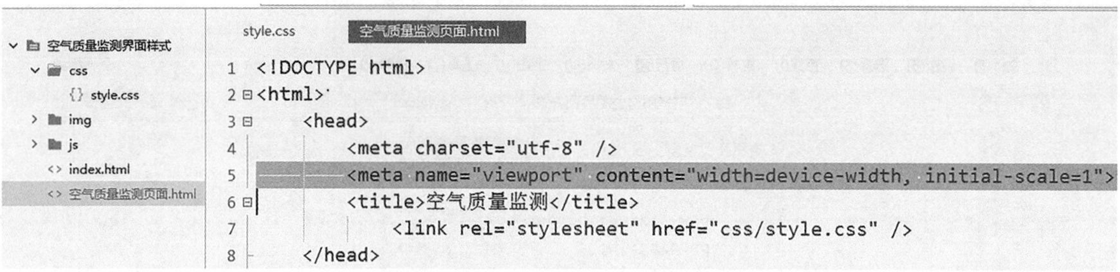

图 3-50　设置可视区域并引入 CSS 文件

(1)添加“header”二级标题“PM2. 5 监测”。

(2)添加 row 内容,其中包含:

- 段落内容。
- PM2. 5:20 $\mu g/m^3$。
- 空气质量:优。
- 当前时间:12:33。

其中,“20”“优”“12:33”设置为加粗显示。

至此,在 body 中添加控制界面内容代码完毕,如图 3-51 所示。

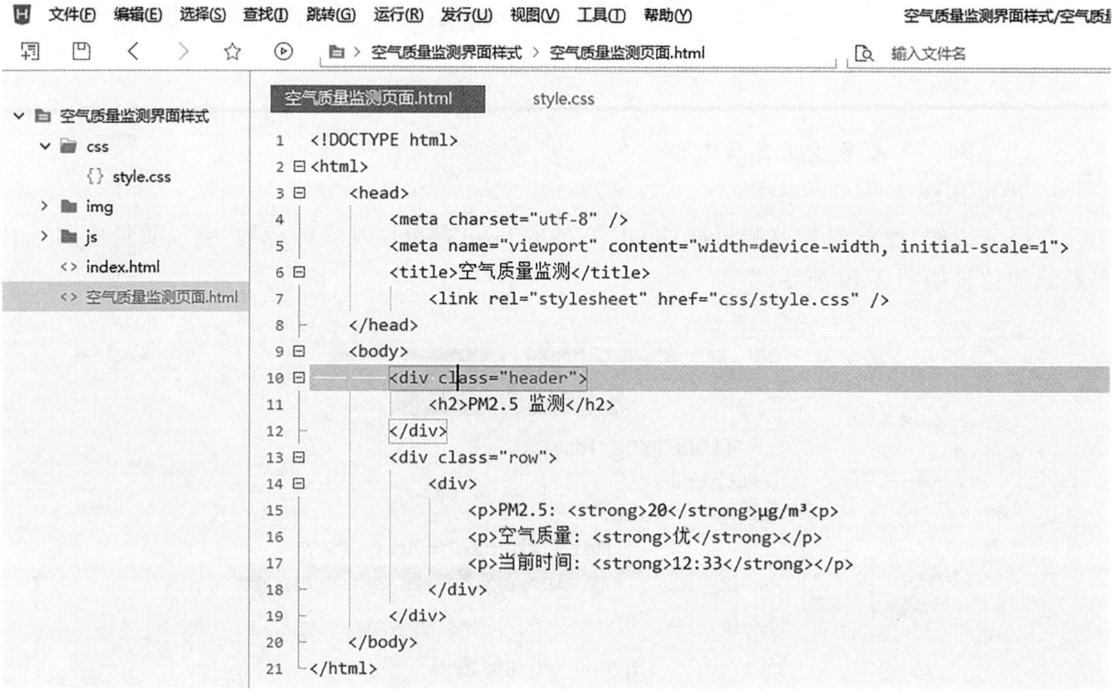

图 3-51　页面内容代码

(三)运行效果展示

HTML 页面及 CSS 样式编写完成后,可通过浏览器查看页面。浏览器正常显示状态的运行效果如图 3-52 所示。

浏览器缩小尺寸后运行效果如图 3-53 所示。

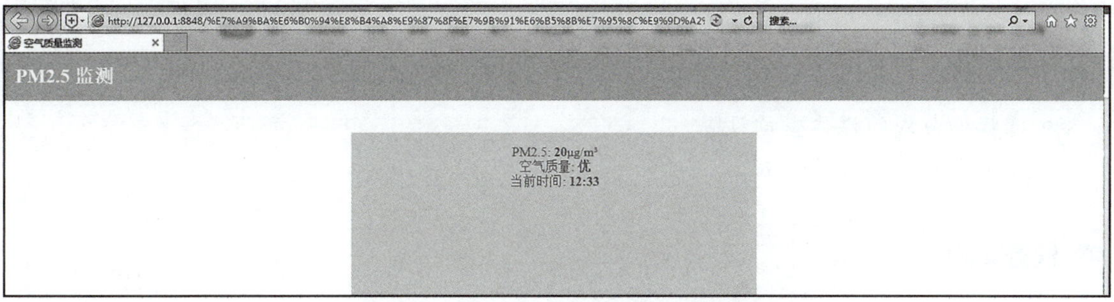

图 3-52　浏览器正常显示状态运行效果

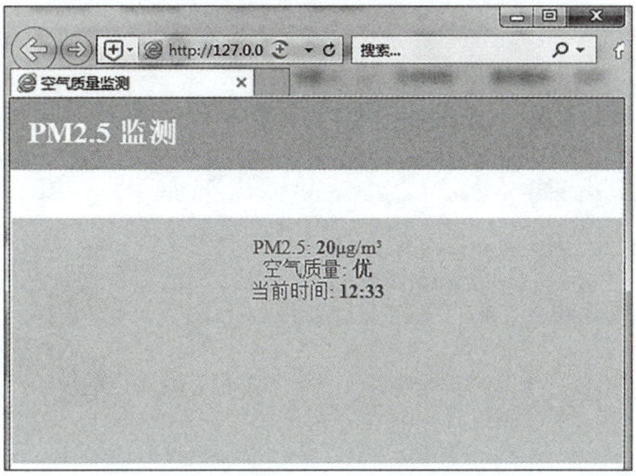

图 3-53　浏览器缩小尺寸后运行效果

大开眼界

为什么会有浏览器兼容性问题？

目前较为流行的浏览器有很多，如 Chrome、Frirefox、Safari、Edge、IE、360 安全浏览器、QQ 浏览器、搜狗、opera、maxthon(傲游)……

浏览器兼容性问题是由浏览器内核差异、标准支持程度不同、用户客户端环境差异、网页开发技术与设计选择等多种因素共同作用的结果。

任务小结

通过本任务的学习，读者可以掌握 CSS 的响应式设计、CSS 的可视区域，以及 CSS 的网格视图的使用，做到在 PC 端和移动端都可以美观地显示页面样式。

任务四　安防监测界面样式设计

任务描述

本任务主要学习 CSS 响应式媒体查询、CSS 响应式图片等知识，并完成安防监测界面样式的设计与程序编写。

任务目标

- 掌握响应式的媒体查询设置。
- 掌握响应式的图片设置。

任务实施

本任务将要学习的“安防监测界面”样式如图 3-54 所示。

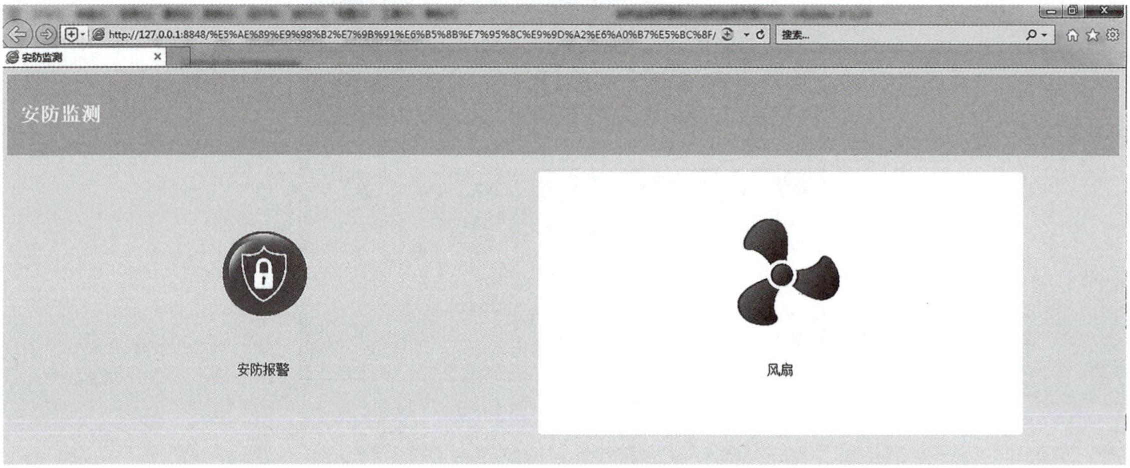

图 3-54 界面样式

界面中设计的各项内容如下：

- 在 CSS 文件中添加代码，设置 body 背景颜色、header 样式；设置 container 样式的定位、宽度、高度、边距、文本、边框等参数；设置 container. img 宽度、边距等参数；设置 fscontainer 的背景、文本参数，设置风扇图片的动画模式，设置风扇动画旋转角度，设置 sp 文本颜色。
- 在页面的 head 中设置可视区域，并引入 CSS 文件。
- 在 body 中添加页面显示内容，主要包括添加 header 二级标题“安防监测”、afContainer 内容（图片路径、“安防报警”黑色文字）、fsContainer 内容（图片路径、“风扇”黑色文字）。

一、响应式媒体查询

在 CSS 中，响应式媒体查询（@ media）用于根据不同的媒体类型或设备特性来应用不同的样式规则。通过使用@ media 查询，开发者可以创建响应式设计，使网页在不同设备和屏幕尺寸上都能良好地显示。例如，设置如果浏览器窗口小于 500px 时，背景将变为浅蓝色，实现代码如下：

```
@ media only screen and(max-width:500px){
body{  background-color:lightblue;}
}
```

（一）添加@ media 查询媒体类型

在前面项目中我们学习了使用行和列来制作网页，它是响应式的，但在小屏幕上并不能友好地展示。这里我们来学习媒体查询以解决此问题。在设计稿的中间添加断点,不同的断点有不同的效果,如图 3-55 所示。

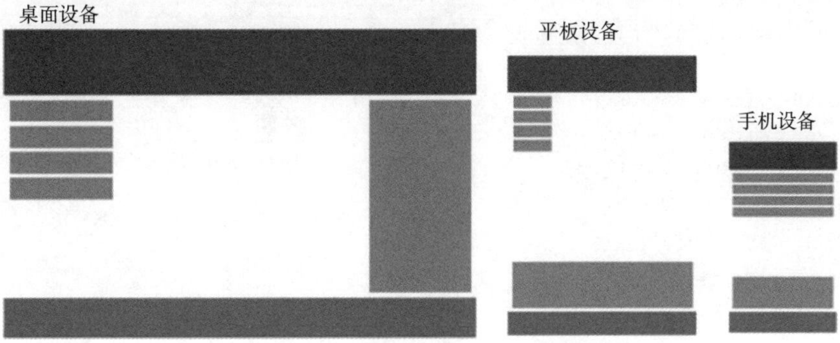

图 3-55　不同断点的显示效果

使用媒体查询在添加断点,当屏幕(浏览器窗口)小于 768px 时,每一列的宽度是 100%,具体实现代码如下:

```
/* For desktop:* /
.col-1 {width:8.33%;}
.col-2 {width:16.66%;}
.col-3 {width:25%;}
.col-4 {width:33.33%;}
.col-5 {width:41.66%;}
.col-6 {width:50%;}
.col-7 {width:58.33%;}
.col-8 {width:66.66%;}
.col-9 {width:75%;}
.col-10 {width:83.33%;}
.col-11 {width:91.66%;}
.col-12 {width:100%;}
@ media only screen and (max-width:768px) {
    /* For mobile phones:* /
    [class* ="col-"]{
          width:100%;
    }
}
```

(二)移动端优先原则

移动端优先意味着在涉及桌面和其他设备时优先考虑移动端的设计。在屏幕小于 768px 时进行样式修改,同样在屏幕宽度大于 768px 时也需要修改样式。以下是移动端优先的示例代码:

```
/* 为移动端设计:* /
[class* ="col-"] {
    width:100%;
}
@ media only screen and (min-width:768px) {
    /* For desktop:* /
    .col-1 {width:8.33%;}
    .col-2 {width:16.66%;}
```

```
    .col-3 {width:25%;}
    .col-4 {width:33.33%;}
    .col-5 {width:41.66%;}
    .col-6 {width:50%;}
    .col-7 {width:58.33%;}
    .col-8 {width:66.66%;}
    .col-9 {width:75%;}
    .col-10 {width:83.33%;}
    .col-11 {width:91.66%;}
    .col-12 {width:100%;}
}
```

(三)添加多类型设备媒体查询

设计时可以根据需要添加断点,图 3-56 所示是为平板设备和移动手机设备设置断点。

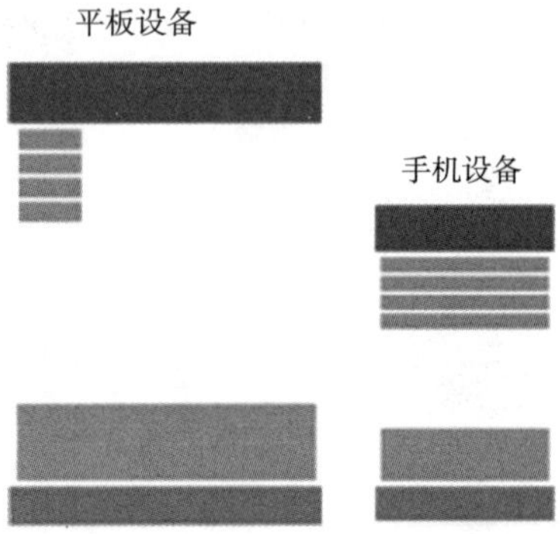

图 3-56　不同类型设备的显示效果

在屏幕为 600px 时添加媒体查询,并设置新的样式(屏幕大于 600px 但小于 768px),注意两组类样式是相同的,但名称不同(col-和 col-m-),具体实现代码如下:

```
/* For mobile phones:* /
[class* ="col-"] {
    width:100%;
}
@ media only screen and (min-width:600px) {
    /* For tablets:* /
    .col-m-1 {width:8.33%;}
    .col-m-2 {width:16.66%;}
    .col-m-3 {width:25%;}
    .col-m-4 {width:33.33%;}
    .col-m-5 {width:41.66%;}
    .col-m-6 {width:50%;}
    .col-m-7 {width:58.33%;}
    .col-m-8 {width:66.66%;}
    .col-m-9 {width:75%;}
    .col-m-10 {width:83.33%;}
    .col-m-11 {width:91.66%;}
    .col-m-12 {width:100%;}
}
```

```
@ media only screen and(max-width:768px){
    /* For desktop:* /
    .col-1 {width:8.33%;}
    .col-2 {width:16.66%;}
    .col-3 {width:25%;}
    .col-4 {width:33.33%;}
    .col-5 {width:41.66%;}
    .col-6 {width:50%;}
    .col-7 {width:58.33%;}
    .col-8 {width:66.66%;}
    .col-9 {width:75%;}
    .col-10 {width:83.33%;}
    .col-11 {width:91.66%;}
    .col-12 {width:100%;}
}
```

以上代码看起来较为冗长,但是它可以根据屏幕大小自动设置不同的样式,所以在具体实践中还是非常必要的。

(四)方向适应:横屏/竖屏

结合 CSS 中的媒体查询功能,可以创建适应不同设备的方向(如横屏 landscape、竖屏 portrait 等)的布局。

```
orientation:portrait |landscape
```

- portrait:指定输出设备中的页面可见区域高度大于或等于宽度。
- landscape:除 portrait 值情况外,都是 landscape。

除此之外,orientation 和其他属性一起使用会有更好的效果。例如,横屏时背景将变为浅蓝色,实现代码如下:

```
@ media only screen and(orientation:landscape){
    body {
        background-color:lightblue;
    }
}
```

二、响应式图片

响应式图片是一种根据用户设备的屏幕分辨率和尺寸动态调整的图片,它能够确保图像在不同设备上都能保持清晰和锐利的视觉效果,提升用户体验。响应式图片在不同设备上的设置方法有多种,使用时可以根据需求选择设置方法。

(一)width 属性

如果 width 属性设置为 100%,图片会根据上下范围实现响应式显示,示例代码如下:

```
img {
width:100%;
height:auto;
}
```

注意:在以上示例中,图片会比原始图片大。

(二)max-width 属性

max-width 属性可以很好地解决图片会比其原始图片大的问题。如果 max-width 属性设置为 100%,图片永远不会大于其原始尺寸,示例代码如下:

```
img {
max-width:100%;
height:auto;
}
```

(三)设置背景图片

设置背景图片响应调整大小或缩放的方法有三种。

(1)如果 background-size 属性设置为 contai,背景图片将按比例自适应内容区域。图片保持其比例不变,示例代码如下:

```
div {
     width:100%;
     height:400px;
     background-image:url('sensor.jpg');
     background-repeat:no-repeat;
     background-size:contain;
     border:1px solid red;
}
```

(2)如果 background-size 属性设置为"100% 100%",背景图片将延展覆盖整个区域,示例代码如下:

```
div {
   width:100%;
   height:400px;
   background-image:url('sensor.jpg');
   background-size:100% 100%;
   border:1px solid red;
}
```

(3)如果 background-size 属性设置为 cover,则背景图像将扩展至足够大,以至完全覆盖背景区域,示例代码如下:

```
div {
   width:100%;
   height:400px;
   background-image:url('sensor.jpg');
   background-size:cover;
   border:1px solid red;
}
```

注意:该属性设置保持了图片的比例,因此背景图像的某些部分无法显示在背景定位区域中。

(四)不同设备显示不同图片

在小屏幕上去加载大尺寸图片会影响加载速度,所以可以使用媒体查询,根据不同的设备显示不同的图片,示例代码如下:

```
/* For width smaller than 400px:* /
body {
  background-image:url('sensor1.jpg');
}
/* For width 400px and larger:* /
@ media only screen and(min-width:400px){
  body {
    background-image:url('sensor2.jpg');
  }
}
```

使用媒体查询的 min-device-width 替代 min-width 属性，将检测设备宽度而不是浏览器宽度。浏览器大小重置时，图片大小不会改变，示例代码如下：

```
/* 设备小于 400px:* /
body {
  background-image:url('sensor1.jpg');
}
/* 设备大于 400px(也等于):* /
@ media only screen and(min-device-width:400px){
  body{        background-image:url('sensor2.jpg');    }
}
```

三、安防监测界面样式制作

(一)设计安防监测界面 CSS 样式

接下来将设计安防监测界面 CSS 样式，并将样式代码写入 style. css 文件中。

1. 设置 body 样式

背景颜色设置为#ECF0F1，代码及添加位置如图 3-57 所示。

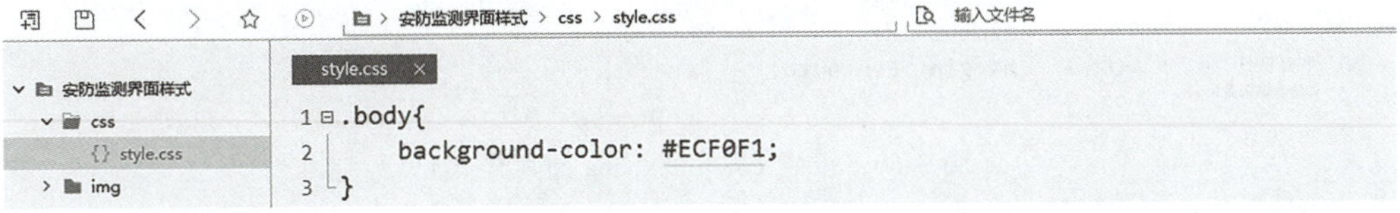

图 3-57 设置 body 样式

2. 设置 header 样式

背景颜色设为 lightblue，文本颜色设为#ffffff，内边距为 15，代码及添加位置如图 3-58 所示。

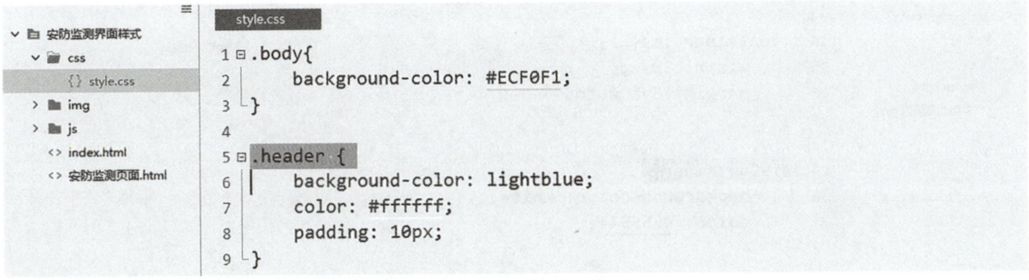

图 3-58 设置 header 样式

3. 设置 class 选择器 container 元素样式

container 各元素参数设置如下：

- container 位置为 relative（相对定位）。
- Float 设置为左侧浮动。
- 宽度设置为屏幕宽度的 40%，高度为屏幕高度的 30%。
- 外边距设为 20；内边距为 20。
- 文本居中显示；文本颜色为 lightgrey。
- 边框为圆角，半径为 5。

样式代码及添加位置如图 3-59 所示。

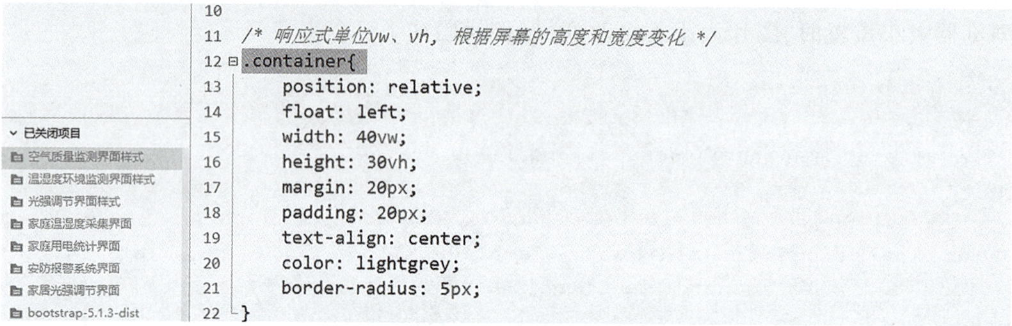

图 3-59　设置 container 元素样式

4. 设置 container. img 图片 CSS 样式

设置原图片宽度为屏幕宽度的 10%；外边距的上下边距为屏幕高度的 5%，左右边距为浏览器边距，代码及添加位置如图 3-60 所示。

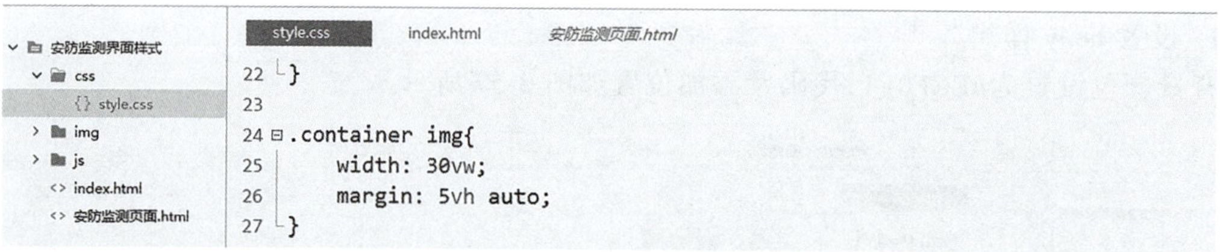

图 3-60　设置 container. img 图片样式

5. 设置风扇#fscontainer 样式

背景颜色为白色，文本颜色为#555544，代码及添加位置如图 3-61 所示。

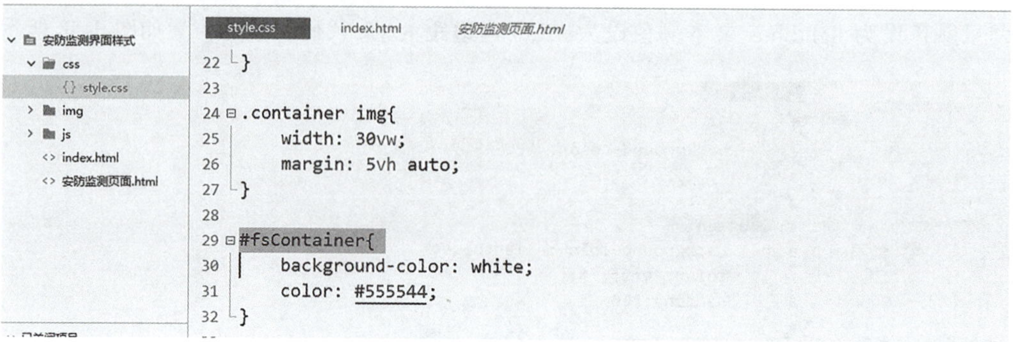

图 3-61　设置风扇#fscontainer 样式

6. 设置风扇#fscontainer. img 图片样式

设置为动画循环播放,每 3s 一个周期,代码及添加位置如图 3-62 所示。

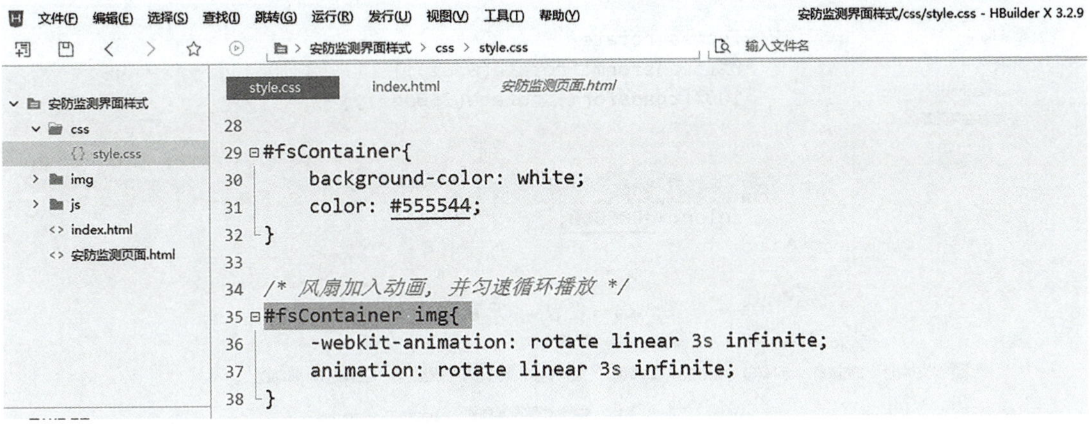

图 3-62　设置风扇#fscontainer. img 图片样式

7. 设置风扇动画帧@ keyframes rotate 样式

动画旋转设置为从 0 度到 360 度,兼容不同的浏览器,代码及添加位置如图 3-63 所示。

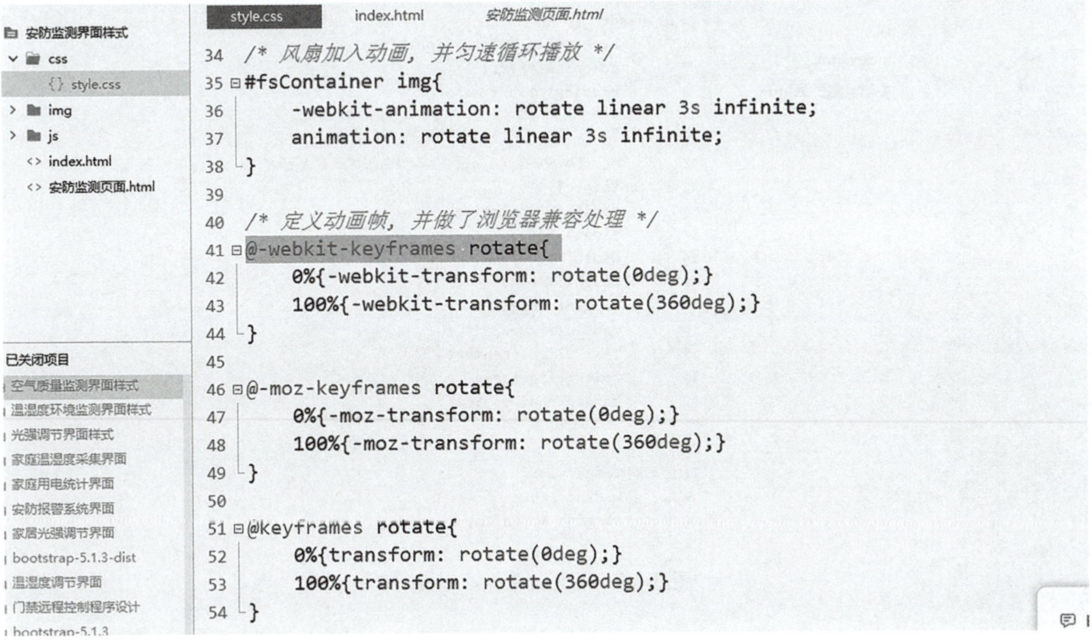

图 3-63　设置风扇动画帧样式

8. 设置 sp 元素样式

文本颜色设置为#000000,代码及添加位置如图 3-64 所示。

至此,在 style. css 文件中添加 CSS 样式设计代码完毕,完整代码如图 3-65 所示。

(二)添加空气质量监测页面内容

1. 添加标题

在已完成的“安防监测页面 . html”文件的 head 部分添加文档标题“安防监测”,代码及添加位置如图 3-66 所示。

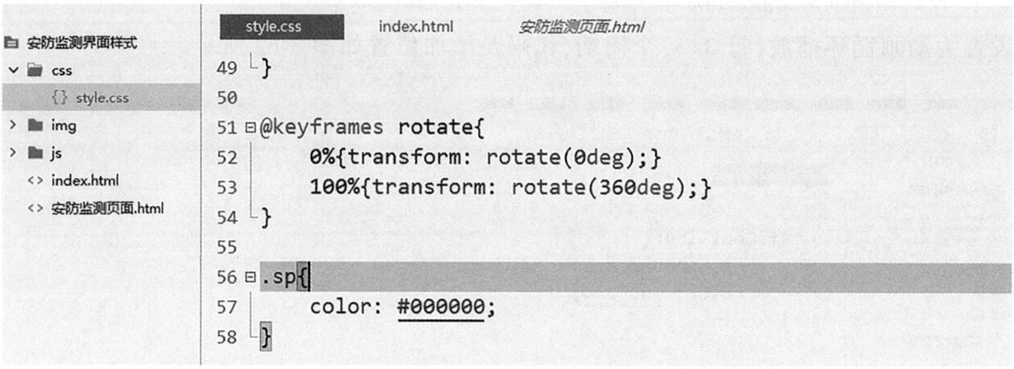

图 3-64　设置 sp 元素样式

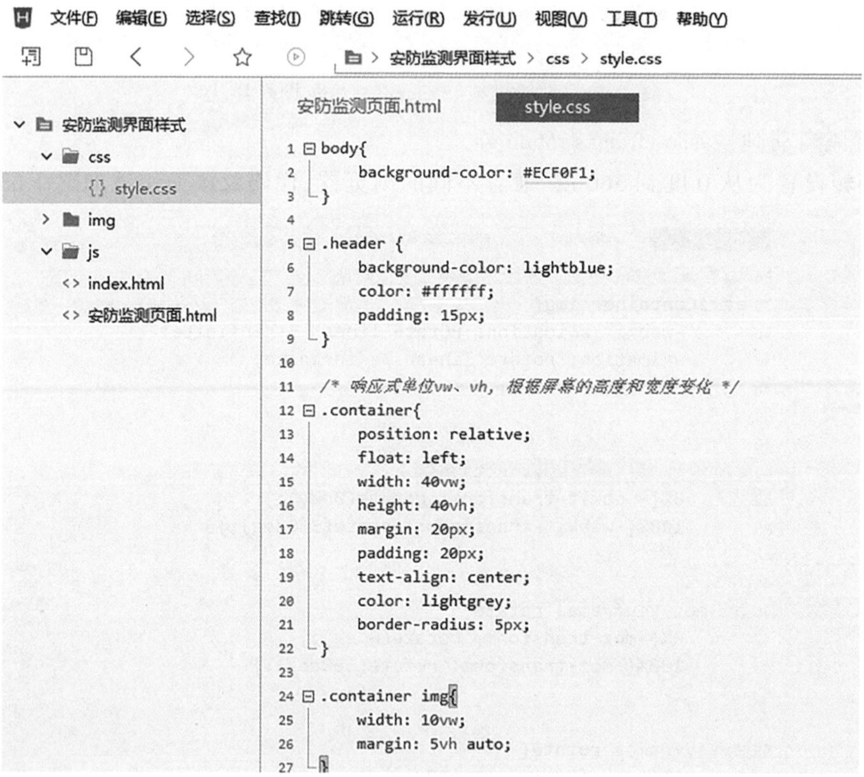

图 3-65　完整 style. css 代码

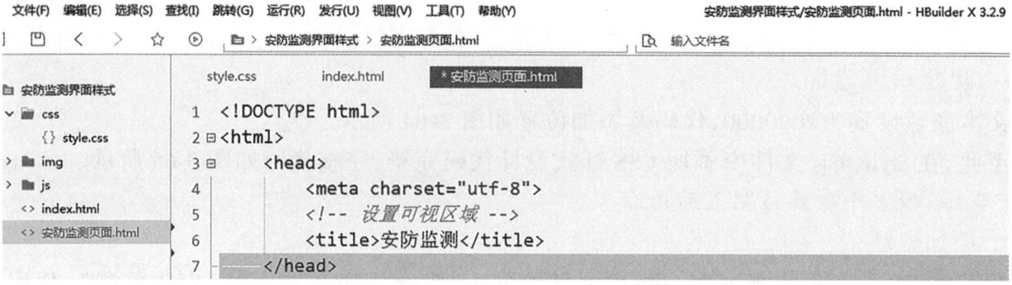

图 3-66　添加标题

2. 在 head 中引入 CSS 文件

首先设置可视区域名称为 viewport，宽度为设备宽度，缩放为初始缩放比例；然后引入 CSS 外部文件“style. css”，代码及添加位置如图 3-67 所示。

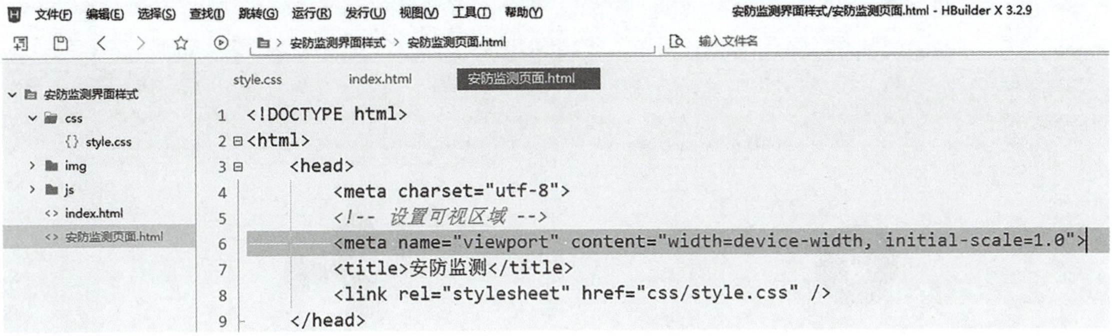

图 3-67　设置可视区域并引入 CSS 文件

3. 在 body 中添加安防监测页面内容

在 body 中添加界面的内容如下：

(1)添加 header 二级标题“安防监测”。

(2)添加 afContaine(图片路径为 img/anfang. png)。

(3)添加 fsContainer，具体如下：

- “安防报警”字体颜色为黑色
- 添加图片路径“img/fengshan. png”
- “风扇”字体颜色设为黑色

至此，在 body 中添加安防监测界面内容代码完毕，完整代码如图 3-68 所示。

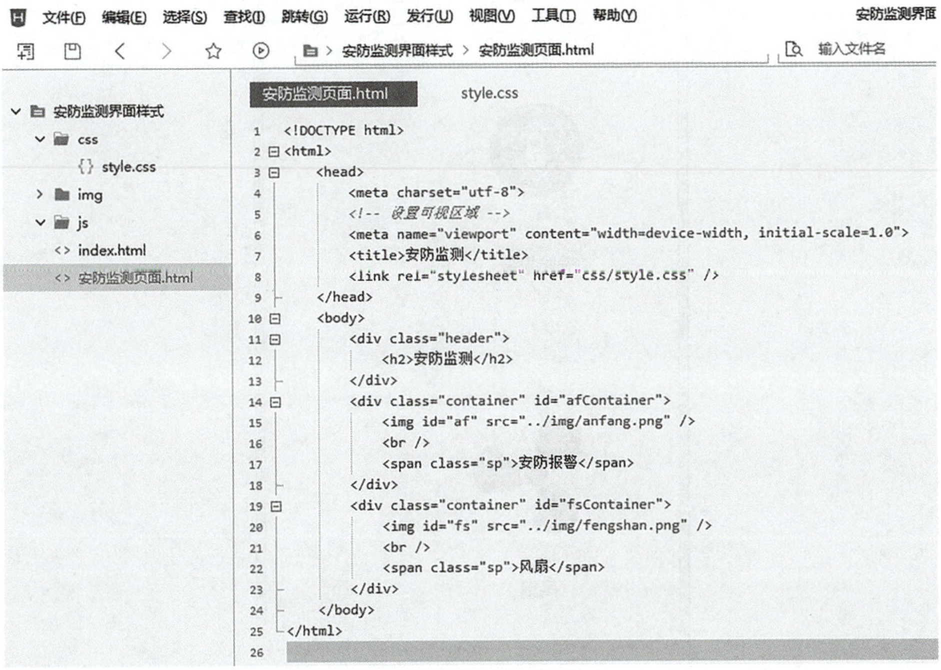

图 3-68　页面内容代码

（三）运行效果展示

HTML 页面及 CSS 样式代码编写完成后，可通过浏览器查看页面。浏览器正常显示状态下运行效果如图 3-69 所示。

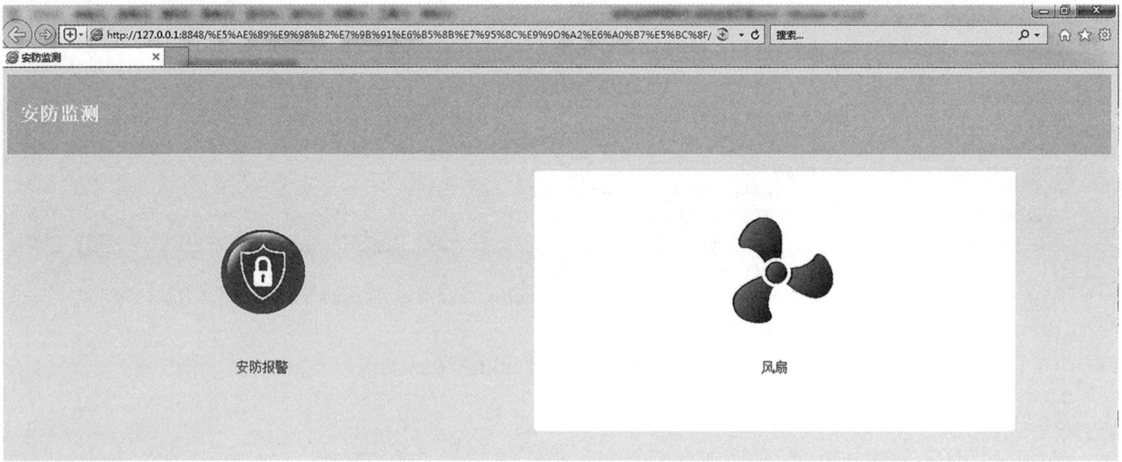

图 3-69　浏览器正常显示状态运行效果

浏览器缩小尺寸后运行效果如图 3-70 所示。

图 3-70　浏览器缩小尺寸后运行效果

大开眼界

CSS 浏览器兼容性问题的解决思路和方案

CSS 浏览器兼容性问题大的解决思路主要包括浏览器 CSS 样式初始化、浏览器私有属性、CSS hack 语法和自动化插件。

浏览器 CSS 样式初始化。由于每个浏览器的 CSS 默认样式不尽相同,所以最简单有效的方式就是对其进行初始化,在所有 CSS 开始前,先把 marin 和 padding 都设为 0。

浏览器私有属性。有时候我们需要在某个 CSS 的属性前添加一些前缀,比如-webkit-、-moz-、-ms-,这些就是浏览器的私有属性。对于私有属性的顺序要注意,把标准写法放到最后,兼容性写法放到前面。

CSS hack 语法。CSS hack 就是针对不同的浏览器或不同版本写特定的 CSS 样式。

自动化插件。自动化插件的主要作用是自动管理浏览器前缀,它可以解析 CSS 文件并且添加浏览器前缀到 CSS 内容里,使用相关数据来决定哪些前缀是需要的。

任务小结

通过本任务的学习,读者可以掌握 CSS 的响应式设计、CSS 的可视区域、CSS 的响应媒体及图片的使用,不仅在 PC 端正常显示页面,同时在移动端也可以美观地显示页面样式。

思考与练习

一、填空题

1. 在 CSS 层叠样式表当中经常用到的三种选择器是________、________、________。

2. 继承原则中,CSS 所有的样式子标记都可以________父标记所有的样式风格,而子标记的样式风格________父标记。

3. 在 HTML 中,引入 CSS 的方法主要有________、________、________、________四种。

4. 在标签当中可以通过________属性中设定 CSS 样式。

5. 利用 CSS 设置网页背景颜色为绿色的语句是________________________。

二、判断题

1. (　　)在 CSS 中,border1px 2px 3px4px 表示设置某个 HTML 元素的上边框为 1px、右边框为 2px、下边框为 3px、左边框为 4px。

2. (　　)在 CSS 中,padding 和 margin 的值都可以为负数。

3. (　　)在 CSS 中,使用/或<!--->来书写一行注释。

4. (　　)由于 Tablc 布局相比 DIV 布局缺点较多,因此在网页制作时应当完全放弃使用 Table 布局。

5. (　　)在 W3C 规范中,每一个标签都应当闭合,使用
</br>可以实现和段落标签<p></p>同样的效果。

6. (　　)一个 div 可以插入多个背景图片。

7. (　　)背景颜色的写法 background：#ccc 等同于 background-color：#ccc。

8. (　　)任何标签都可以通过添加 style 属性来直接定义它的样式。

9. (　　)position 允许用户精确定义元素框出现的相对位置。

10. (　　)同 padding 属性与 margin 属性类似，border 属性也有单侧属性，即可以单独定义某一个方向上的属性。

11. (　　)margin 属性不可以单独定义某一个方向的值。

12. (　　)Border 是 CSS 的一个属性，用它可以给能确定范围的 HTML 标记，如 td、div 添加边框，但只能定义边框的样式(style)、宽度(width)。

13. (　　)CSS 选择器中用户定义的类和用户定义的 ID 在使用上只有定义方式不同。

14. (　　)对于自定义样式，其名称必须以点(.)开始。

15. (　　)<div>标签简单而言是一个区块容器标签。

三、选择题

1. CSS 是利用(　　)XHTML 标记构建网页布局。

A. <dir>　　B. <div>　　C. <dis>　　D. <dif>

2. 下列选项中不属于 CSS 文本属性的是(　　)。

A. font-size　　B. text-transform　　C. text-align　　D. line-height

3. 清除浮动的 CSS 写法正确的是(　　)。

A. clear:none　　B. clear:both　　C. clear:left　　D. clear:right

4. 下列(　　)是 CSS 正确的语法构成。

A. body:color=black　　B. {body;color:black}

C. body {color:black;}　　D. {body:color=black/body}

5. 下列关于 CSS 的说法不正确的一项是(　　)。

A. CSS 可以控制网页背景图片。

B. margin 属性的属性值可以是百分比。

C. 整个 BODY 可以作为一个 BOX。

D. margin 属性不能同时设置四个边的边距。

6. 下列 CSS 代码中，(　　)能控制鼠标悬浮其上的超链接样式。

A. a:link{color:#ff7300;}　　B. a:visited{color:#ff7300;}

C. a:hover{color:#ff7300;}　　D. a:active{color:#ff7300;}

7. 下列 CSS 属性中，用于指定背景图片的是(　　)。

A. background-image　　B. background-color

C. background-position　　D. background-repeat

四、简答题

1. 简述 DIV 布局与传统 Table 布局的区别。

2. 简述 CSS 的基本语法结构及规范。

3. 举例说明 CSS 的三种使用方法。

4. 简述 CSS ID 选择器。

5. 简述 CSS 类选择器。

6. 简述 CSS 链接伪类。

7. 简述选择器的优先权。

8. 简述 CSS 的特点。

9. CSS 的实现方式有几种？哪种 CSS 实现方式优势更突出，相对其他实现方式而言其优点有哪些？

实践活动：讨论移动端 Web 和 PC 端 Web 的区别

一、实践目的

1. 了解 CSS 在不同设备上应用的不同。
2. 了解移动端前端的开发技术。

二、实践要求

各学员通过查阅 Web 前端相关数据资料、搜集网络文库资料和浏览网络论坛等方式完成。

三、实践内容

1. 研究如何解决在移动端进行 Web 开发时，手机页面的自适应大小问题。
2. 研究移动端 Web 和 PC 端 Web 的区别。
3. 分组讨论：汇总所有调研结果，讨论网站设计 PC 端与移动端分开的必要性，学员讨论并提出自己的看法。

实践篇

Web 网页控制

引言

1994 年，网景公司（**Netscape**）发布了 **Navigator** 浏览器 **0.9** 版。这是历史上第一个比较成熟的网络浏览器。但是，这个版本的浏览器只能用来浏览，不具备与访问者互动的能力。网景公司急需一种网页脚本语言，解决浏览器互动问题。

网景公司当时有两个选择：一个是采用现有的语言，比如 **Perl**、**Python**、**Tcl**、**Scheme** 等，允许它们直接嵌入网页；另一个是发明一种全新的语言。

这两个选择各有利弊。网景公司内部争执不下，管理层一时难以下定决心。

就在这时，发生了另外一件大事：**1995** 年 **Sun** 公司将 **Oak** 语言改名为 **Java**，正式向市场推出。

网景公司决定与 **Sun** 公司结成联盟。它不仅允许 **Java** 程序以 **applet**（小程序）的形式直接在浏览器中运行；甚至还考虑直接将 **Java** 作为脚本语言嵌入网页，只是因为这样会使 **HTML** 网页过于复杂，后来才不得不放弃。

JavaScript 后来就是网景和 **Sun** 两家公司一起携手推向市场的，这种语言被命名为"**Java+Script**"并不是偶然的。

1995 年 **5** 月，网景公司做出决策，未来的网页脚本语言必须"看上去与 **Java** 足够相似"，但是要比 **Java** 简单，使得非专业的网页作者也能很快上手。**Brendan Eich** 被指定为这种"简化版 **Java** 语言"的设计师。

所以，**JavaScript** 语言实际上是两种语言风格的混合产物——（简化的）函数式编程+（简化的）面向对象编程。这是由 **Brendan Eich**（函数式编程）与网景公司（面向对象编程）共同决定的。

学习目标

- 掌握 **JavaScript** 的基本语法，会使用 **JavaScript** 文件。
- 掌握 **JavaScript** 变量、数据类型、对象、函数的使用。
- 掌握 **JavaScript** 的计时事件、**Cookie** 的使用。
- 掌握 **DOM HTML**、**DOM CSS**、**DOM** 事件、**DOM** 节点的使用。
- 具备基本的 **JavaScript** 编程能力。

知识体系

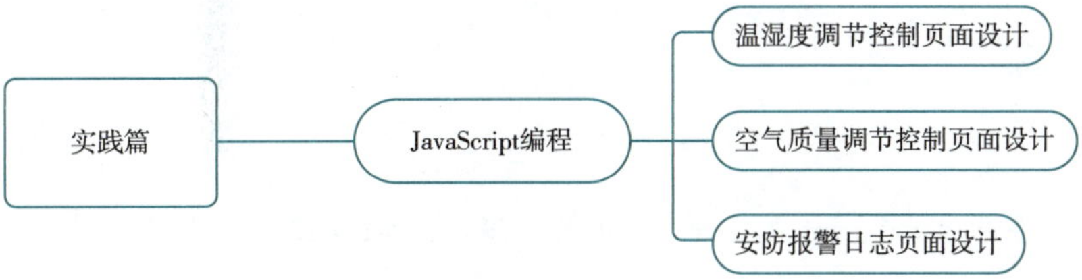

项目四 JavaScript 编程

任务一　温湿度调节控制页面设计

任务描述

本任务主要学习 JavaScript 基本语法，并完成温湿度调节控制页面的设计与程序编写。

任务目标

- 了解 JavaScript 脚本语言特征。
- 掌握 JavaScript 文件使用方法。
- 掌握 JavaScript 的基本语法。

任务实施

本任务将要学习的“温湿度调节控制”界面如图 4-1 所示。

界面中设计的各项内容如下：

- 使用 JavaScript 获取页面“最大温度阈值”，并设置“更新后的最大阈值”。
- 通过控制台显示“原阈值”和“文档已修改!”信息。
- 弹出文档背景色确认窗口，并显示确认结果。
- 在页面中添加“点击”和“更换图片”两个按钮。

图 4-1　界面样式

一、JavaScript 的简介

JavaScript 是一种基于对象和事件驱动并具有相对安全性的轻量级客户端脚本语言。它广泛应用于客户端 Web 开发中，用来给 HTML 网页添加动态功能，比如

响应用户的各种操作。一个完整的 JavaScript 实现主要由核心(ECMAScript)、文档对象模型(Document Object Model,简称 DOM)、浏览器对象模型(Browser Object Model,简称 BOM)三部分组成,如图 4-2 所示。

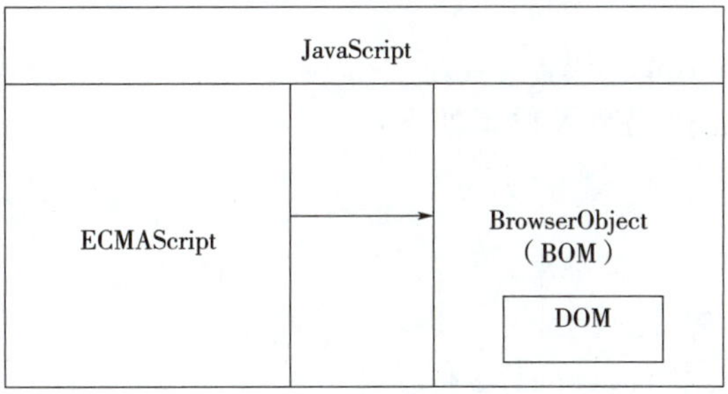

图 4-2 JavaScript 组成

ECMA Script 是 JavaScript 的核心语法基础,定义 JavaScript 中的基本语法;BOM 操作浏览器的各种对象;DOM 用于操作网页中的各种标签元素。

发展初期,JavaScript 的标准并未确定,同期有网景的 JavaScript、微软的 JScript 和 CEnvi 的 ScriptEase。1997 年,在 ECMA(欧洲计算机制造商协会)的协调下,由 Netscape、Sun、微软、Borland 组成的工作组确定统一标准:ECMA-262。

随着 ECMAScript 不断发展,ECMA 发布了多个版本,具体如表 4-1 所示。

表 4-1 ECMAScript 版本说明

年份	名 称	描 述
1997	ECMAScript 1	第一个版本
1998	ECMAScript 2	版本变更
1999	ECMAScript 3	添加正则表达式 添加 try/catch
-	ECMAScript 4	没有发布
2009	ECMAScript 5	添加"strict mode",严格模式 添加 JSON 支持
2011	ECMAScript 5.1	版本变更
2015	ECMAScript 6	添加类和模块
2016	ECMAScript 7	增加指数运算符(**) 增加 Array.prototype.includes

注:ECMAScript 6 也称为 ECMAScript 2015,ECMAScript 7 也称为 ECMAScript 2016。

二、JavaScript 使用方法

在 HTML 文档中引入 JavaScript 有两种方式,一种是在 HTML 文档中直接嵌入 JavaScript 脚本,称为内嵌式;另一种是链接外部 JavaScript 脚本文件,称为外链式。

(一)内嵌式

内嵌式是在 HTML 文档中通过<script>标签及其相关属性来引入 JavaScript 代码。

HTML 中的脚本必须位于<script>与</script>标签之间。脚本可被放置在 HTML 页面的<body>和<head>部分中。

<script></script>元素放在<head>和</head>之间,称为头脚本;放在<body>和</body>之间,称为体脚本。

(1)<head>中的 JavaScript 代码

<head>中的 JavaScript 代码写入位置如下:

```
<!DOCTYPE html>
<html>
    <head>
        <script>
            //此处为 JavaScript 代码
        </script>
    </head>
    <body>
        ...
    </body>
</html>
```

(2)<body>中的 JavaScript 代码

<body>中的 JavaScript 代码写入位置如下:

```
<!DOCTYPE html>
<html>
    ......
    <body>
        <h1>我的 Web 页面</h1>
        <script>
            //此处为 JavaScript 代码
                                    </script>
    </body>
</html>
```

(二)外链式

当脚本比较复杂或者同一段代码需要被多个网页文件使用时,可以将这些脚本代码放置在一个扩展名为“.js”的文件中,然后通过外链式引入该文件。

在 Web 页面中使用外链式引入 JavaScript 文件的基本语法格式如下:

```
<!DOCTYPE html>
<html>
    <body>
        <scriptsrc="myScript.js"></script>
    </body>
</html>
```

三、JavaScript 语法基础

(一)JavaScript 语句

JavaScript 语句是发给浏览器的命令,这些命令的作用是告诉浏览器要做的事情。

下面 JavaScript 语句是向 id="demo" 的 HTML 元素输出文本“你好 小爱”：

```
document.getElementById("demo").innerHTML="你好 小爱";
```

1. JavaScript 语句的分隔符号

分号(;)用于分隔 JavaScript 语句。通常在每条可执行的语句结尾添加分号，使用分号的另一用处是在一行中可编写多条语句。

```
a=1;
b=3;
c=a+b;
```

以上示例代码也可以写成如下形式：

```
a=1;b=3;c=a+b;
```

2. JavaScript 代码

JavaScript 代码是 JavaScript 语句的序列。浏览器会按照编写顺序依次执行每条语句。

例如我们向网页输出一个标题和两个段落，具体实现代码如下：

```
<!DOCTYPE html>
<html>
    <head>
        <meta charset="utf-8">
        <title>小爱音箱</title>
    </head>
    <body>
        <h1>我的小爱音箱</h1>
        <p id="demo">一个段落。</p>
        <div id="myDIV">一个 DIV。</div>
        <script>
            document.getElementById("demo").innerHTML="你好 小爱";
            document.getElementById("myDIV").innerHTML="见到你很高兴";
        </script>
    </body>
</html>
```

以上代码的运行结果如图 4-3 所示。

图 4-3　运行结果

3. JavaScript 代码块

JavaScript 代码块通常用于定义和执行一组 JavaScript 语句。这些代码块可以包含变量声明、函数定义、控制结构(如 if 语句、for 循环等)以及表达式。JavaScript 代码块以左花括号开始,以右花括号结束。上面示例中的 JavaScript 代码可以写成如下代码块:

```
function myFunction()
{
      document.getElementById("demo").innerHTML="你好小爱";
      document.getElementById("myDIV").innerHTML="见到你很高兴";
}
```

4. JavaScript 语句标识符

JavaScript 语句通常以一个语句标识符为开始,然后执行该语句。语句标识符是保留关键字,不能作为变量名使用。表 4-2 列出了常用的 JavaScript 语句标识符(关键字)。

表 4-2 JavaScript 语句标识符(关键字)

语句	描　述
break	用于跳出循环
catch	语句块,在 try 语句块执行出错时执行 catch 语句块
continue	跳过循环中的一个迭代
do...while	执行一个语句块,在条件语句为 true 时继续执行该语句块
for	在条件语句为 true 时,可以将代码块执行指定的次数
for...in	用于遍历数组或者对象的属性(对数组或者对象的属性进行循环操作)
function	定义一个函数
if...else	用于基于不同的条件来执行不同的动作
return	退出函数
switch	用于基于不同的条件来执行不同的动作
throw	抛出(生成)错误
try	实现错误处理,与 catch 一同使用
var	声明一个变量
while	当条件语句为 true 时,执行语句块

5. 空格的作用

JavaScript 会忽略多余的空格。因此我们可以向脚本添加空格,来提高代码的可读性。例如,下面两行代码是等效的:

```
var person="Hege";
var person="Hege";
```

(二)JavaScript 注释

JavaScript 注释是用于在代码中添加说明性文字,这些文字不会被执行,但可以提高代码的可读性和可维护性。JavaScript 支持单行注释和多行注释两种形式。

1. 单行注释

单行注释以//开头。单行注释的示例代码如下:

```
//输出标题:document.getElementById("myH1").innerHTML="欢迎来到我的主页";
//输出段落:document.getElementById("myP").innerHTML="这是我的第一个段落。";
```

2. 多行注释

多行注释以/*开始,以*/结尾。多行注释的示例代码如下:

```
/*
下面的这些代码会输出一个标题和一个段落,并将代表主页的开始
*/
document.getElementById("myH1").innerHTML="欢迎来到我的主页";
document.getElementById("myP").innerHTML="这是我的第一个段落。";
```

3. 使用注释来阻止执行

在 JavaScript 中,虽然注释本身不会阻止代码的执行,但通过将某行代码(块)用注释符号包围,可以使其成为注释,从而在运行时被忽略。需要注意的是,虽然注释可以暂时“阻止”某行代码(块)的执行,但这种方法并不推荐用于生产环境中的代码管理。

在下面的示例中,注释用于阻止其中一条代码行的执行(可用于调试):

```
//document.getElementById("myH1").innerHTML="欢迎来到我的主页";
document.getElementById("myP").innerHTML="这是我的第一个段落。";
```

在下面的示例中,注释用于阻止代码块的执行(可用于调试):

```
/*
document.getElementById("myH1").innerHTML="欢迎来到我的主页";
document.getElementById("myP").innerHTML="这是我的第一个段落。";
*/
```

4. 在行末使用注释

在 JavaScript 中,行末使用注释有助于快速理解某一行代码的目的或功能,而无需中断代码的阅读流程,示例代码如下:

```
var x=3;     //声明 x 并把 3 赋值给它
var y=x+5;  //声明 y 并把 x+5 赋值给它
```

四、JavaScript 输出显示

JavaScript 没有任何打印或者输出的函数,但是我们可以通过不同的方式来输出数据,具体如下:

- 使用 window.alert()方法弹出警告框。
- 使用 window.confirm()方法弹出确认框。
- 使用 document.write()方法将内容写入 HTML 文档中。
- 使用 innerHTML 写入 HTML 元素。
- 使用 console.log()方法写入浏览器的控制台。

1. window.alert()警告框

可以通过弹出警告框来显示数据,用户需要点击确定按钮才能继续进行操作。示例代码如下:

```
window.alert("sometext");
```

window. alert()方法可以不带上 window 对象,直接使用 alert()方法,示例代码如下:

```
<!DOCTYPE html>
<html>
    ......
    <body>
        ......
        <h1>我的第一个页面</h1>
        <p>我的第一个段落。</p>
        ......
        <script>
            window.alert(3+8);
        </script>
        ......
    </body>
</html>
```

以上示例代码的运行结果如图 4-4 所示。

图 4-4　运行结果

2. window. confirm()确认框

确认框通常用于验证是否接受用户操作。确认框弹出时,用户可以点击“确认”或者“取消”来确定用户操作。点击“确认”,确认框返回 true,如果点击“取消”,确认框返回 false。示例代码如下:

```
window.confirm("sometext");
```

window. confirm()方法可以不带上 window 对象,直接使用 confirm()方法,示例代码如下:

```
<!DOCTYPE html>
<html>
<body>
......
<p>点击按钮,显示确认框。</p>
    <button onclick="myFunction()">点我</button>
    <p id="demo"></p>
    <script>
    function myFunction(){
      var x;
      var r=confirm("按下按钮!");
      if(r==true){
          x="你按下了\"确定\"按钮!";
```

```
        }
        else{
            x="你按下了\"取消\"按钮!";
        }
        document.getElementById("demo").innerHTML=x;
    }
    </script>......
</body>
</html>
```

以上示例代码的运行结果如图 4-5 所示。

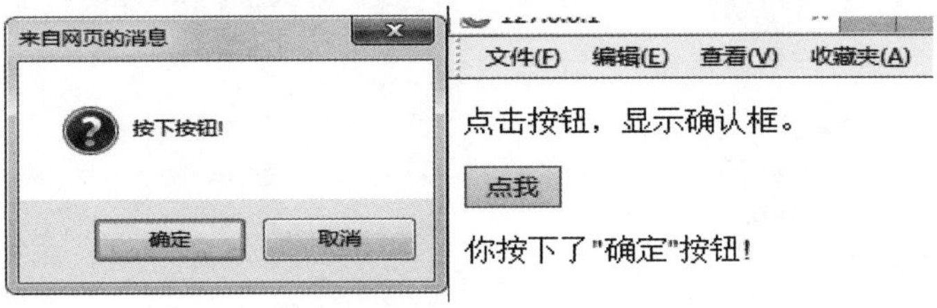

图 4-5　运行结果

3. 操作 HTML 元素

从 JavaScript 访问某个 HTML 元素,可以使用 document. getElementById(id)方法。使用"id"属性来标识 HTML 元素,并使用 innerHTML 来获取或插入元素内容。

```
x=document.getElementById("demo");      //查找元素
x.innerHTML="Hello JavaScript";         //改变内容
```

示例代码如下:

```
<!DOCTYPE html>
<html>
    <body>
        ......
        <h1>我的第一个 Web 页面</h1>
        <p id="demo">我的第一个段落</p>
        <script>
            document.getElementById("demo").innerHTML="段落已修改。";
        </script>
        ......
    </body>
</html>
```

以上 JavaScript 语句(在<script>标签中)可以在 Web 浏览器中执行,其中:

- document. getElementById(" demo")是使用 id 属性来查找 HTML 元素的 JavaScript 代码。
- innerHTML="段落已修改。"是用于修改元素的 HTML 内容(innerHTML)的 JavaScript 代码。

以上示例代码的运行结果如图 4-6 所示。

4. 写入 HTML 文档

直接写入 HTML 输出流,示例代码如下:

图 4-6　运行结果

```
document.write("<h1>这是一个标题</h1>");
document.write("<p>这是一个段落。</p>");
```

在写程序时也可以将 JavaScript 直接写入 HTML 文档,示例代码如下:

```
<!DOCTYPE html>
<html>
    <body>
        <h1>我的第一个 Web 页面</h1>
        <p>我的第一个段落。</p>
        <script>
                    document.write(Date());
        </script>
    </body>
</html>
```

以上示例代码的运行结果如图 4-7 所示。

图 4-7　运行结果

注意: 如果文档完成加载后再执行 document. write,那么整个 HTML 页面将被覆盖,示例代码如下:

```
<!DOCTYPE html>
<html>
    <body>
        <h1>我的第一个 Web 页面</h1>
        <p>我的第一个段落。</p>
        <button onclick="myFunction()">点我</button>
        <script>
            function myFunction(){
                    document.write(Date());
            }
        </script>
    </body>
</html>
```

点击按钮后，整个 HTML 页面被覆盖，运行结果如图 4-8 所示。

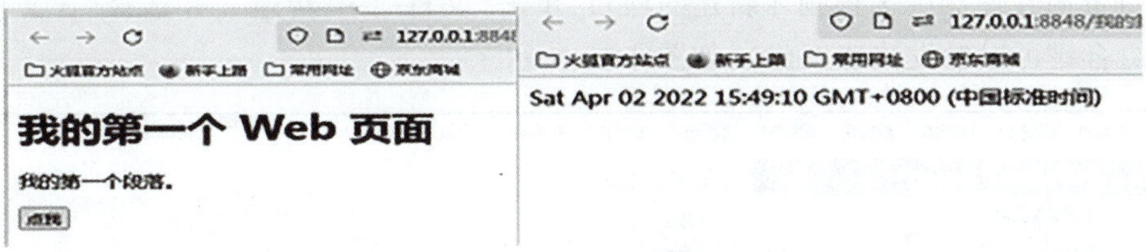

图 4-8 运行结果

5. 写到控制台

如果浏览器支持调试，可以使用 console. log()方法在浏览器中显示 JavaScript 值。浏览器中使用 F12 来启用调试模式，在调试窗口中点击“Console”（控制台）菜单，示例代码如下：

```
<!DOCTYPE html>
<html>
    <body>
        <h1>我的第一个 Web 页面</h1>
        <script>
            a=4;
            b=7;
            c=a+b;
            console.log(c);
        </script>
    </body>
</html>
```

以上示例代码的运行结果如图 4-9 所示。

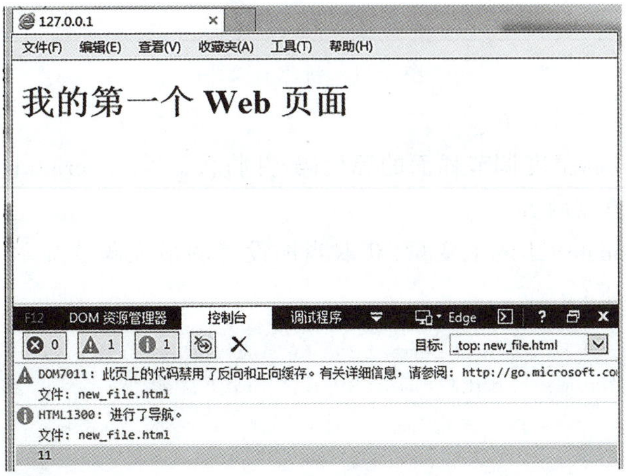

图 4-9 运行结果

五、温湿度调节控制页面制作

（一）创建温湿度调节控制界面

复制“温湿度环境监测界面样式”项目文件，修改项目名称为“温湿度调节控制”，将“温湿度环境监测页面. html”名称改为“温湿度调节控制. html”。

（二）创建 js 源码文件

在项目资源管理器中选择刚才新建的项目，单击“文件”→“新建”，并选择“js 文件”（按下【Ctrl+N】组合键可以触发快速新建），如图 4-10 所示。

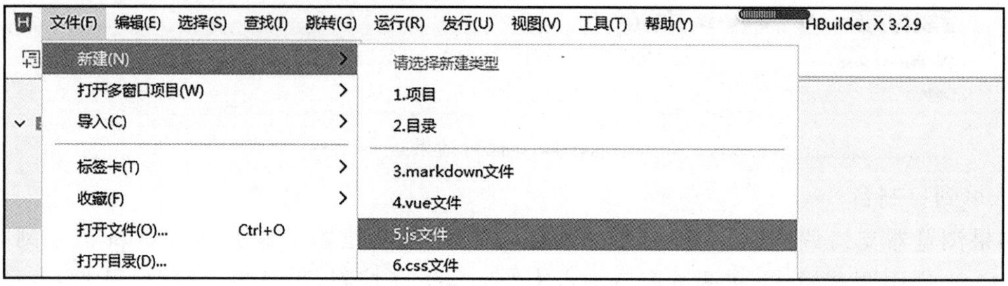

图 4-10　选择 js 文件

设置文件名（script. js）和保存路径，见图 4-11，然后单击“创建”按钮。

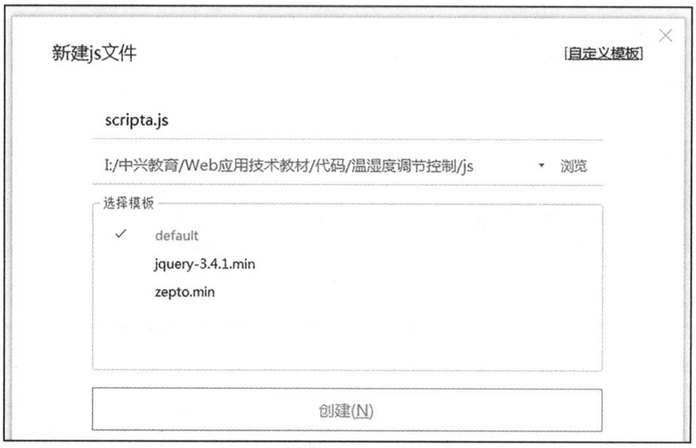

图 4-11　新建 js 文件

（三）设计温湿度调节源代码

接下来我们将设计温湿度调节界面的源代码，并将代码写入 script. js 文件中。

1. 定义变量获取节点内容

定义 normalVal、updateVal 两个变量，获取当前设置的最大阈值显示在控制台，并设置更新阈值，具体实现代码如下：

```
var normalVal=document.getElementById("normalVal");    //获取节点(行末注释)
var updateVal=document.getElementById("updateVal");    //获取节点
//获取节点内容
console.log("原阈值="+normalVal.innerHTML);
//修改节点内容
updateVal.innerHTML="30";
```

2. 通过 console 控制台输出信息

通过控制台以不同方式输出“文档已修改!”信息，实现代码如下：

```
console.log("%c文档已修改!","color:grey");
console.info("文档已修改!");
```

```
console.warn("文档已修改！");
console.error("文档已修改！");
```

运行结果如图 4-12 所示。

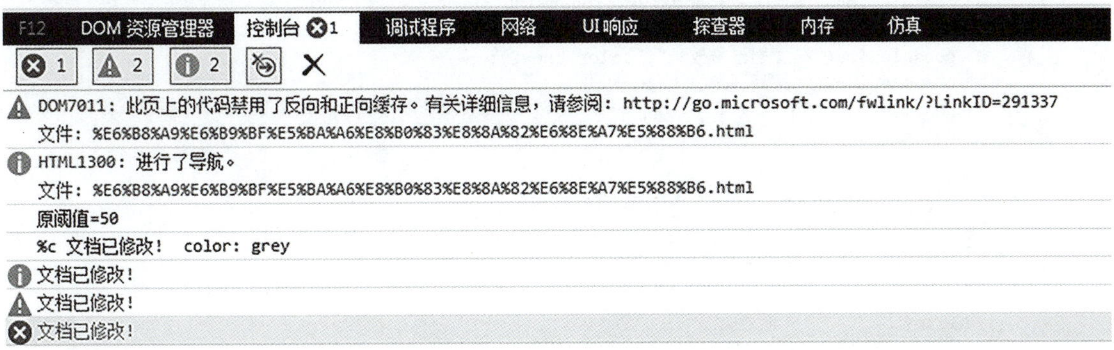

图 4-12　控制台输出信息

3. 确认文档信息

弹出“是否确认文档背景颜色”信息窗口，获取确认结果并显示。具体实现代码如下：

```
var result=confirm("是否确认文档背景色？");
//获取点击结果
if(result){
 alert("已确认！");
}else{
 alert("未确认！");
}
```

确认文档信息运行效果如图 4-13 和图 4-14 所示。

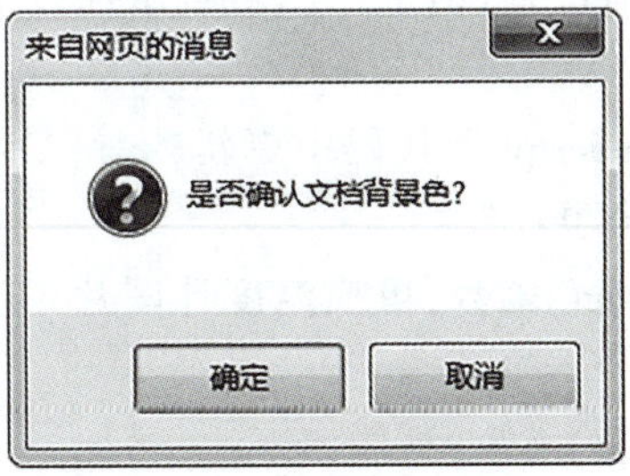

图 4-13　文档信息确认询问页

图 4-14　确认页面

至此，在 script. js 文件中添加源代码完毕，完整代码如图 4-15 所示。

(四)添加温湿度调节页面内容

1. 修改 head 中的标题

代码及添加位置如图 4-16 所示。

2. 修改 body 中空气质量监测页面内容

在 body 中修改和添加 container 的内容，具体如下：

(1)修改浮动标题内容为“温湿度调节”。

(2)修改 content 中的相关内容。

```
var normalVal=document.getElementById("normalVal");  //获取节点
var updateVal=document.getElementById("updateVal");

console.log("原阈值="+normalVal.innerHTML);
updateVal.innerHTML="30";
console.log("%c文档已修改！","color:grey");
console.info("文档已修改！");
console.warn("文档已修改！");
console.error("文档已修改！");

var result=confirm("是否确认文档背景颜色？")
if(result)
{
    alert("已确认！");
}
else{
    alert("未确认！");
}
```

图 4-15　完整 script. js 代码

```
<!DOCTYPE html>
<html>
    <head>
        <meta charset="utf-8">
        <title>温湿度调节控制</title>
        <link rel="stylesheet" href="css/style.css" />
    </head>
```

图 4-16　修改标题

首先修改无序列表中得内容。删掉“当前位置:南京”列表项,添加以下列表项:

- 当前设置的最大阈值:50 ℃。
- 更新后的最大阈值:updateVal(在 JavaScript 源代码中更新)。
- 添加“点击”按钮,出现弹框显示“点击事件”。
- 修改“更换图片”按钮。调用 changeImg()函数,更换温度计图片。注意显示的温度值设置为加粗显示。

然后插入 JavaScript 代码,定义 changeImg()函数,具体如下:

- 设置更换图片的路径。
- 出现“图片更换成功”弹窗。

最后调用外部 JavaScript 代码,这里主要是添加外部 JavaScript 代码调用路径。

至此,在 body 中修改和添加温湿度调节控制界面内容代码完毕,完整代码如图 4-17 所示。

(五)运行效果展示

HTML 页面及 JavaScript 代码编写完成后,可通过浏览器查看页面。浏览器正常显示状态下的运行结果如图 4-18 所示。

单击“点击”按钮,会弹出“点击事件”对话框。单击“更换图片”按钮,页面上的图标会替换新的图片。运行结果如图 4-19 和图 4-20。

温湿度调节控制.html　　style.css　　index.html

```html
<!DOCTYPE html>
<html>
    <head>
        <meta charset="utf-8">
        <title>温湿度调节设计</title>
        <link rel="stylesheet" href="css/style.css" />
    </head>
    <body>
        <div class="container">
            <span class="title">温湿度调节</span>
            <div class="content">
                <img id="cimg" src="img/wenshidu.png" />
                <ul>
                    <li>当前温度: <strong>26</strong>℃</li>
                    <li>当前湿度: <strong>80</strong>%</li>
                    <li>当前设置的最大阈值: <strong id="normalVal">50</strong>℃</li>
                    <li>更新后的最大阈值: <strong id="updateVal"></strong>℃</li>
                    <li>
                        <button onclick="alert('点击事件! ');">点击</button>
                        <button onclick="changeImg();">更换图片</button>
                    </li>
                </ul>
            </div>
        </div>
        <script>
            // JavaScript函数
            function changeImg(){
                var img = document.getElementsByTagName("img");
                img[0].src = "img/wendu.png";
                alert("图片更换成功! ");
            }
        </script>
        <!-- 外部JavaScript -->
        <script type="text/javascript" src="js/script.js"></script>
    </body>
</html>
```

图 4-17　页面内容完整代码

图 4-18　浏览器正常显示状态下运行结果

图 4-19 “点击事件”对话框

图 4-20 图片更换成功

任务小结

通过本任务的学习，读者可以掌握 JavaScript 的外部文件引用、JavaScript 的注释及基本语法使用，以及 JavaScript 的点击事件、动态更改 HTML 内容及图片。

任务二 空气质量调节控制页面设计

任务描述

本任务主要学习 JavaScript 变量、JavaScript 数据类型、JavaScript 常用语句、JavaScript 函数等知识内容，并完成空气质量调节控制页面的设计与代码编写。

任务目标

- 掌握 JavaScript 变量的声明。
- 掌握 JavaScript 数据类型的使用。
- 掌握 JJavaScript 的判断与循环语句。
- 掌握 JavaScript 函数的定义与调用。

任务实施

本任务将要学习的“空气质量调节控制”界面样式如图 4-21 所示。

界面中设计的各项内容如下：

图 4-21　界面样式

- 使用 JavaScript 获取页面设置传感器名称“空气检测 PM2.5”。
- 定义空气质量数组，并计算空气质量平均值。
- 计算空气质量超标的次数。
- 添加无序列表内容：传感器名称、当前 PM2.5 平均值和大气污染次数，并显示 JavaScript 文件中计算得到的数值。

一、变量

变量是数学和计算机科学中重要的概念，在编程中用于存储和操作数据。我们可以将变量理解为存储信息的“容器”。例如下面示例代码中的 x、y、z 都属于变量。

```
var x=3;
var y=4;
var z=x+y;
```

(一) JavaScript 变量

在 JavaScript 中，变量同样用于存放值（比如 x=3）和表达式（比如 z=x+y）。变量可以使用短名称（比如 x 和 y），也可以使用描述性更好的名称（比如 age、sum、totalvolume）。通常来讲，JavaScript 中的变量具有以下特点：

- 变量必须以字母开头。
- 变量也能以 $ 和_符号开头（不推荐）。
- 变量名称对大小写敏感（y 和 Y 是不同的变量）。

(二) 声明（创建）JavaScript 变量

在 JavaScript 中创建变量通常称为“声明”变量。

1. 声明变量并赋值

在 JavaScrip 中，通常使用 var 关键词来声明变量，声明格式如下：

```
var carname;
```

注意,变量声明之后,该变量是空的(它没有值)。

在计算机程序中,经常会声明无值的变量。在执行过“var carname;”语句后,变量 carname 的值将是 undefined。我们可以使用等号向变量赋值,示例代码如下:

```
carname="Volvo";
```

也可以在声明变量时对其赋值,示例代码如下:

```
var carname="Volvo";
```

在下面的示例代码中,声明了 carname 变量,并向其赋值“Volvo”,然后放入 id="demo" 的 HTML 段落中:

```
var carname="Volvo";
document.getElementById("demo").innerHTML=carname;
```

2. 一条语句声明多个变量

为了提高代码编写效率,我们可以在一条语句中声明多个变量。该语句以 var 开头,并使用逗号分隔变量即可,示例代码如下:

```
var lastname="Doe",age=30,job="carpenter";
```

声明格式也可横跨多行,示例代码如下:

```
var lastname="Doe",
age=30,
job="carpenter";
```

注意,一条语句中声明多个变量是应分别赋值,示例代码如下:

```
var x,y,z=1;
```

在上面的代码中,x,y 为 undefined,只有 z 被赋值为 1。

3. 重新声明 JavaScript 变量

如果重新声明 JavaScript 变量,该变量的值不会丢失。例如,以下两条语句执行后,变量 carname 的值依然是“Volvo”。

```
var carname="Volvo";
var carname;
```

二、JavaScript 数据类型

JavaScript 的数据类型主要有值类型和引用数据类型两种,其中值类型是基本类型,主要包括字符串类型、数值类型、布尔类型、空值类型、未定义类型、符号类型和大整数类型,其中符号类型和大整数类型是 ECMAScript 6 版本中新增加的,前者用于创建独一无二的值,避免属性名冲突,后者用于表示任意精度的整数,超出了 Number 类型的安全范围;引用数据类型则包括数组类型、对象类型、函数类型。在 JavaScript 中,函数也是对象,因此也可以被看作是一种引用数据类型。

JavaScript 拥有动态类型特性,变量可用作不同的数据类型,示例代码如下:

```
var x;              //x 为 undefined
var x=5;            //现在 x 为数字
var x="John";       //现在 x 为字符串
```

1. 字符串类型

字符串(String)是存储字符(比如 Bill Gates)的变量。字符串可以是引号(单引号或双引号)中的任意文本,示例代码如下:

```
var carname="Volvo XC60";
var carname='Volvo XC60';
```

此外,可以在字符串中使用引号,只要不匹配包围字符串的引号即可,示例代码如下:

```
var answer="It's alright";
var answer="He is called 'Johnny'";
var answer='He is called "Johnny"';
```

2. 数值类型

JavaScript 只有一种数值类型。数字可以带小数点,也可以不带,示例代码如下:

```
var x1=34.00;         //使用小数点来写
var x2=34;            //不使用小数点来写
```

极大或极小的数字可以通过科学(指数)计数法来书写,示例代码如下:

```
var y=123e5;        //12300000
var z=123e-5;       //0.00123
```

3. 布尔类型

布尔(逻辑)类型只能有 true 和 false 两个值。

```
var x=true;
var y=false;
```

4. 未定义类型和空值类型

未定义类型(undefined)表示变量已声明但未赋值的状态,也就是说这个值表示变量不含有值。顾名思义,空值类型(null)常用于初始化变量或表示函数没有返回值,在具体实践中我们可以通过将变量的值设置为 Null 来清空变量,示例代码如下:

```
cars=null;
person=null;
```

5. 数组类型

数组类型是一种有序列表,可以存储多个值,并可以通过索引访问元素。

下面的代码创建名为 cars 的数组。

```
var cars=newArray();
cars[0]="Saab";
cars[1]="Volvo";
cars[2]="BMW";
```

为了让代码更加简洁和紧凑,在 JavaScript 中创建数组对象时可以直接进行赋值,即在声明数组的同时完成元素的初始化,这便是创建 condensed array(浓缩数组),示例代码如下:

```
var cars=new Array("Saab","Volvo","BMW");
```

在 JavaScript 中,还有一种表示数组的语法结构。它允许开发者直接在代码中以一种简洁、直观的方式定义和初始化数组,而无需使用 new Array()构造函数或其他复杂的方法,这就是 literal array(字面量数组)。literal array 的定义方式通常是使用方括号[ ]包围的一系列逗号分隔的值,示例代码如下:

```
var cars=["Saab","Volvo","BMW"];
```

数组下标是基于零的,所以第一个项目是[0],第二个是[1],以此类推。

6. 对象类型

对象类型由花括号分隔。在括号内部,对象的属性以名称和值对的形式(name:value)来定义,属性由逗号分隔,示例代码如下:

```
var person={firstname:"John",lastname:"Doe",id:5566};
```

在上面示例中可以看到,对象(person)有 firstname、lastname、id 三个属性。

声明对象类型时,空格和折行无关紧要。声明可横跨多行,示例代码如下:

```
var person={
firstname :"John",
lastname  :"Doe",
id        :  5566
};
```

对象属性有如下两种寻址方式:

```
name=person.lastname;
name=person["lastname"];
```

7. 声明变量类型

当声明新的变量时,可以使用关键词 new 来声明其类型,示例代码如下:

```
var carname=new String;
var x=      new Number;
var y=      new Boolean;
var cars=   new Array;
var person= new Object;
```

JavaScript 变量均为对象。当声明一个变量时,就创建了一个新的对象。

三、JavaScript 函数

在计算机代码中,函数是一个具有独立功能的程序模块(代码块),它接收输入参数、执行特定任务并可返回结果。函数允许在不同的程序或程序的不同部分中重复使用相同的代码,避免了代码的重复编写,提高了开发效率。

(一)JavaScript 函数语法

在 JavaScript 中,使用 function 关键字定义函数,后跟函数名、参数列表和函数体。在下面的示例代码中,函数就是包裹在花括号中的代码块,前面使用了关键字 function。

```
function functionname()
{
      //执行代码
}
```

当调用该函数时，会执行函数内的代码。可以在某事件发生时直接调用函数（比如当用户点击按钮时），并且可由 JavaScript 在任何位置进行调用。由于 JavaScript 对大小写敏感，因此关键词 function 必须是小写的，并且必须以与函数名相同的大小写来调用函数。

（二）调用带参数的函数

在调用函数时，可以向其传递值，这些值被称为参数，这些参数可以在函数中使用。

在一次函数调用中，可以发送多个参数，由逗号（,）分隔。示例代码如下：

```
myFunction(argument1,argument2)
```

声明函数时，需把参数作为变量来声明，示例代码如下：

```
function myFunction(var1,var2)
{
代码
}
```

变量和参数必须以相同的顺序出现。第一个变量就是第一个被传递的参数的给定值，以此类推。示例代码如下：

```
<p>点击这个按钮，来调用带参数的函数。</p>
<button onclick="myFunction('Harry Potter','Wizard')">点击这里</button>
<script>
function myFunction(name,job){
     alert("Welcome "+name+",the "+job);
}
</script>
```

上面的函数在按钮被点击时会提示“Welcome Harry Potter,the Wizard”。

可以使用不同的参数来调用该函数，这样就会给出不同的消息，示例代码如下：

```
<button onclick="myFunction('Harry Potter','Wizard')">点击这里</button>
<button onclick="myFunction('Bob','Builder')">点击这里</button>
```

（三）调用带有返回值的函数

在 JavaScript 中，函数通过使用 return 语句将值返回调用它的地方。在使用 return 语句时，函数会停止执行，并返回指定的值，示例代码如下：

```
function myFunction()
{
     var x=5;
     return x;
}
```

上面示例中的函数 myFunction()会返回指定值 5。这时，如进行函数调用将被返回值取代，示例代码如下：

```
var myVar=myFunction();
```

以上示例代码中，myVar 变量的值是 5，也就是函数 myFunction()所返回的值。即使不保存为变量，也可以使用返回值。示例代码如下：

```
document.getElementById("demo").innerHTML=myFunction();
```

上面代码中,demo 元素的 innerHTML 将成为 5,也就是函数 myFunction()所返回的值。

可以使返回值基于传递到函数中的参数来计算两个数字的乘积,并返回结果。示例代码如下:

```
function myFunction(a,b)
{
    return a* b;
}
document.getElementById("demo").innerHTML=myFunction(4,3);
```

上面示例代码执行后,demo 元素的 innerHTML 将是 12。

如果只是要求退出函数,不需返回任何数值,也可使用 return 语句,返回值是可选的。我们来看下面的示例代码:

```
function myFunction(a,b)
{
    if(a>b)
    {
        return;
    }
    x=a+b
}
```

如果 a>b,则上面的示例代码将退出函数,并不会计算 a 和 b 的和。

(四)变量作用域和生命周期

1. 局部变量

在 JavaScript 函数内部声明的变量(使用 var)是局部变量,所以只能在函数内部访问它。(该变量的作用域是局部)。可以在不同的函数中使用名称相同的局部变量,只要函数运行完毕,本地变量就会被删除。

2. 全局变量

在 JavaScript 函数外声明的变量是全局变量,网页上的所有脚本和函数都能访问它。

3. JavaScript 变量的生存期

JavaScript 变量的生命期从被声明的时间开始。局部变量会在函数运行以后被删除,全局变量会在页面关闭后被删除。

4. 向未声明的 JavaScript 变量分配值

如果把值赋给尚未声明的变量,该变量将被自动作为 window 的一个属性,示例语句如下:

```
carname="Volvo";
```

该语句将声明 window 的一个属性 carname。

非严格模式下,给未声明变量赋值创建的全局变量是全局对象的可配置属性,可以删除,示例语句语如下:

```
var var1=1;//不可配置全局属性
var2=2;//没有使用 var 声明,可配置全局属性
console.log(this.var1);//1
console.log(window.var1);//1
console.log(window.var2);//2
delete var1;//false 无法删除
```

```
console.log(var1);//1
delete var2;
console.log(delete var2);//true
console.log(var2);//已经删除 报错变量未定义
```

四、JavaScript 常用语句

在 Web 开发技术实践中，经常用到的 JavaScript 语句主要是条件语句和循环语句。这两类语句都属于流程控制语句，主要用来控制程序中语句的执行顺序。

(一)条件语句

条件语句是编程中用于根据不同条件执行不同代码块的重要逻辑结构。简言之，就是基于不同的条件来执行不同的动作。

1. if...else 条件语句

通常在编写代码时，需要为不同的决定来执行不同的动作，可以在代码中使用条件语句来完成。在 JavaScript 中，我们可使用以下条件语句：

- if 语句：只有当指定条件为 true 时，才可执行代码。
- if...else 语句：当条件为 true 时执行代码，当条件为 false 时执行其他代码。
- if...else if...else 语句：使用该语句时会根据条件选择多个代码块之一来执行。
- switch 语句：使用该语句来选择多个代码块之一来执行。

(1) if 语句

只有当指定条件为 true 时，该语句才会执行代码。If 语句的语法格式如下：

```
if(condition)
{
      当条件为 true 时执行的代码
}
```

注意，if 必须小写，使用大写字母(IF)会产生 JavaScript 错误。

示例语句：如果时间早于 20:00，生成问候语“Good day”。

```
if(time<20)
{
      x="Good day";
}
```

(2) if...else 语句

if...else 语句的语法格式如下：

```
if(condition)
{
      代码 1
当条件为 true 时执行的代码
}
else
{
      代码 2
当条件不为 true 时执行的代码
}
```

示例语句:如果时间早于 20:00,生成问候语“Good day”,否则生成问候语“Good evening”。

```
if(time<20)
{
      x="Good day";
}
else
{
      x="Good evening";
}
```

(3)if...else if...else 语句

使用 if...else if...else 语句时会选择多个代码块之一来执行。该语句更适用于需要进行复杂逻辑判断和范围判断的情况,其语法格式如下:

```
if(condition1)
{
      当条件 1 为 true 时执行的代码
}
else if(condition2)
{
      当条件 2 为 true 时执行的代码
}
else
{
    当条件 1 和条件 2 都不为 true 时执行的代码
}
```

示例语句:如果时间早于 10:00,则生成问候语“早上好”,如果时间晚于 10:00 但早于 20:00,则生成问候语“今天好”,否则生成问候语“晚上好”。

```
if(time<10)
{
      document.write("<b>早上好</b>");
}
else if(time>=10 && time<20)
{
      document.write("<b>今天好</b>");
}
else
{
      document.write("<b>晚上好! </b>");
}
```

2. switch 语句

switch 语句同样用于控制程序在不同条件来执行不同的动作,但与 if...else if...else 语句相比,switch 语句更适合处理离散的、确定的值与特定操作之间的映射关系,即当根据某个变量的不同取值来执行不同的代码块时,使用 switch 语句会使代码更加清晰简洁。

switch 语句的语法格式如下：

```
switch(n)
{
    case 1:
        执行代码块 1
        break;
    case 2:
        执行代码块 2
        break;
    default:
       与 case 1 和 case 2 不同时执行的代码
}
```

在上述代码中，首先设置表达式 n(通常是一个变量)，随后表达式的值会与结构中的每个 case 的值做比较。如果匹配(符合执行条件)，则与该 case 关联的代码块会被执行。关键字 break 用来阻止代码自动地向下一个 case 运行。

示例语句：显示今天的星期名称。请注意 Sunday=0，Monday=1，Tuesday=2，以此类推。

```
var d=new Date().getDay();
 switch(d)
{
  case 0:x="今天是星期日";
  break;
  case 1:x="今天是星期一";
  break;
  case 2:x="今天是星期二";
  break;
  case 3:x="今天是星期三";
  break;
  case 4:x="今天是星期四";
  break;
  case 5:x="今天是星期五";
  break;
  case 6:x="今天是星期六";
  break;
}
```

在 switch 语句的语法格式中，default 关键词用来规定匹配不存在程序要做的动作。

示例语句：如果今天不是星期六或星期日，则会输出信息“期待周末”。

```
var d=new Date().getDay();
switch(d)
{
     case 6:x="今天是星期六";
     break;
     case 0:x="今天是星期日";
     break;
     default:
     x="期待周末";
}
document.getElementById("demo").innerHTML=x;
```

(二)循环语句

循环语句是程序设计中的重要概念,它允许一段代码被重复执行多次,直到满足特定的条件。循环语句可以大幅提升代码的执行效率和简洁程度。例如,不使用循环语句时,这样输出数组的值:

```
document.write(cars[0]+"<br>");
document.write(cars[1]+"<br>");
document.write(cars[2]+"<br>");
document.write(cars[3]+"<br>");
document.write(cars[4]+"<br>");
document.write(cars[5]+"<br>");
```

当使用 for 循环语句时,以上代码可以变为如下形式:

```
for(var i=0;i<cars.length;i++)
{
      document.write(cars[i]+"<br>");
}
```

JavaScript 支持如下不同类型的循环语句:

- for:循环执行代码块一定的次数。
- for/in:循环遍历对象的属性。
- while:当指定的条件为 true 时,循环执行指定的代码块。
- do/while:与 while 语句类似,当指定的条件为 true 时,循环执行指定的代码块。区别在于 do while 语句是先执行完一遍代码块再判断条件表达式,因此代码块至少要执行一次。

1. for 循环语句

for 语句是循环时最常用的,下面是 for 循环语句的语法格式:

```
for(语句 1;语句 2;语句 3)
{
     被执行的代码块
}
```

- 语句 1:(代码块)开始前执行。
- 语句 2:定义运行循环(代码块)的条件。
- 语句 3:在循环(代码块)已被执行之后执行。

我们来看一个具体的示例,代码如下:

```
for(var i=0;i<5;i++)
{
       x=x+"该数字为"+i+"<br>";
}
```

从上面的示例中,可以看到 for 循环语句的工作原理:在循环开始之前设置变量(var i=0),然后定义循环运行的条件(i<5),最后在每次代码块已被执行后增加一个值(i++)。

2. for/in 循环语句

除了 for 语句外,在 JavaScript 中,还有一个 for/in 语句。该语句主要用来循环遍历对象的属性,示例代码如下:

```
var person={fname:"John",lname:"Doe",age:25};
for(x in person)  //x 为属性名
{
    txt=txt+person[x];
}
```

3. while 循环语句

while 语句会先判断条件表达式是否满足,若满足则执行代码块,否则退出循环。while 语句的语法格式如下:

```
while(条件)
{
    需要执行的代码
}
```

我们来看一个具体的示例,代码如下:

```
while(i<5)
{
    x=x+"The number is "+i+"<br>";
    i++;
}
```

4. do/while 循环语句

do/while 循环语句是 while 循环语句的变体。该循环语句会先执行一次代码块,接下来如果条件为真,就会重复这个循环。do/while 循环语句的语法格式如下:

```
do
{
    需要执行的代码
}
while(条件);
```

下面是 do/while 循环语句的示例。该循环至少会执行一次,即使条件为 false 也会执行一次,因为代码块会在条件被测试前执行,然后再判断接下来的执行策略。

```
do
{
    x=x+"The number is "+i+"<br>";
    i++;
}while(i<5);
```

5. break 语句和 continue 语句

在 JavaScript 中,break 语句用于跳出循环,continue 语句用于跳过循环中的一个迭代。

(1)break 语句

break 语句在 switch 语句中用于跳出 switch 语句。break 语句在循环中可用于跳出循环,示例代码如下:

```
for(i=0;i<10;i++)
{
    if(i==3)
```

```
        {
            break;
        }
        x=x+"The number is "+i+"<br>";
}
```

由于上例中的 if 语句只有一行代码，所以可以省略花括号，改为如下形式：

```
for(i=0;i<10;i++)
{
    if(i==3)break;
    x=x+"The number is "+i+"<br>";
}
```

(2) continue 语句

continue 语句用于中断循环中的迭代，如果出现了指定的条件，然后继续循环中的下一个迭代。例如下面的示例中，跳过了值为 3 的情况。

```
for(i=0;i<=10;i++)
{
    if(i==3)continue;
    x=x+"The number is "+i+"<br>";
}
```

(3) 标签(label)

在 JavaScript 中，可以使用标签(label)对 JavaScript 语句进行标记。label 相当于定位符，用于跳转到程序的任意位置，label 的语法格式如下：

```
label:
语句
```

label 可以是任意的标识符，但不能是保留字，语句部分可以是任意语句。

label 通常与 break 语句和 continue 语句配合使用，用于跳出特定的循环，示例代码如下：

```
top:
  for(var i=0;i < 3;i++){
    for(var j=0;j < 3;j++){
      if(i===1 && j===1)  break top;
      console.log('i='+i+',j='+j);
    }
  }
```

上面示例代码为一个双重循环区块，break 命令后面加上了 top 标签(注意，top 不用加引号)，满足条件时，直接跳出双层循环。如果 break 语句后面不使用标签，则只能跳出内层循环，进入下一次的外层循环。

通过标签引用，break 语句可用于跳出任何 JavaScript 代码块，示例代码如下：

```
cars=["BMW","Volvo","Saab","Ford"];
list:
{
    document.write(cars[0]+"<br>");
```

```
        document.write(cars[1]+"<br>");
        document.write(cars[2]+"<br>");
        break list;
        document.write(cars[3]+"<br>");
        document.write(cars[4]+"<br>");
        document.write(cars[5]+"<br>");
}
```

五、空气质量调节控制页面制作

(一)创建空气质量调节控制界面

复制"温湿度环境监测界面样式"项目文件,修改项目名称为"空气质量调节控制",将"温湿度环境监测页面.html"名称改为"空气质量调节控制.html"。

(二)创建 js 源码文件

在项目资源管理器中选择刚才新建的项目,单击"文件"→"新建",并选择"js 文件",如图 4-22 所示。

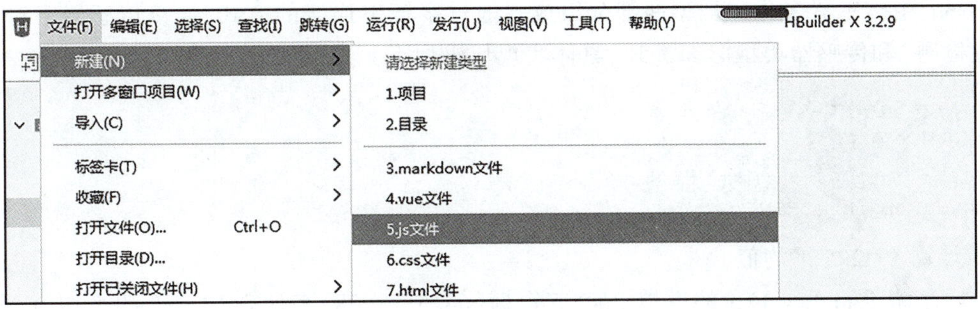

图 4-22 选择 js 文件

设置文件名(script.js)和保存路径,然后单击"创建"按钮,如图 4-23 所示。

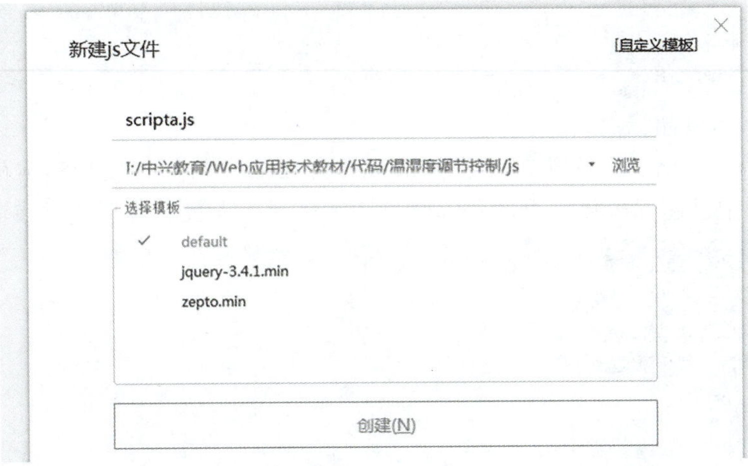

图 4-23 创建 js 文件

(三)设计空气质量调节 js 源代码

接下来我们将设计空气质量调节界面的源代码,并将代码写入 script.js 文件中。

1. 声明空气质量计算函数

声明函数 function setVal(),主要功能是计算 PM2.5 平均值和空气质量超标次数,实现代码如下:

```
//声明一个函数
function setVal(){
}
```

2. 定义变量以获取节点内容

声明 PM 模拟数据、传感器名称、类型、空气质量平均值和污染次数等变量,实现代码如下:

```
//JavaScript 的五种基本数据类型:number、string、boolean、object 和 function
var pmLevel=16;
var pmLevelArr=[64.5,22,58];
var obj={sName:'空气监测',sType:'PM2.5'};
var sNameDom=document.getElementById("sName");
var avgValDom=document.getElementById("avgVal");
var countDom=document.getElementById("count");
```

3. 输出传感器名称和类型

sName 由传感器名称和类型两部分组成。通过字符串连接的方式,连接传感器字符串“空气质量检测”和传感器类型“PM2.5”,具体实现代码如下:

```
//JavaScript 表达式和运算符
//字符串连接
var sName=obj.sName+" "+obj.sType;
sNameDom.innerHTML=sName;
```

4. 计算 PM2.5 平均值

通过存储于 pmLevelArr 的模拟 PM2.5 数据[64.5,22,58]来计算 PM2.5 的平均值,平均值保留 2 位小数,实现代码如下:

```
//数值计算:空气质量 PM2.5 数组的平均值
var avgVal=(pmLevelArr[0]+pmLevelArr[1]+pmLevelArr[2])/3;
//toFixed 取两位小数
avgValDom.innerHTML=avgVal.toFixed(2);
```

5. 计算空气质量超标次数

将存储于 pmLevelArr 的模拟 PM2.5 数据[64.5,22,58]与空气质量标准值 50 进行比较。若高于标准值则记录超标次数。通过 count 输出“大气污染次数”,实现代码如下:

```
//循环语句:计算空气质量数组中超过超标的次数
var time=0;
for(var i=0;i<pmLevelArr.length;i++){
    //判断语句:如果超过 50,time+1
    if(pmLevelArr[i]>50){
        time++;
    }
}
countDom.innerHTML=time;
```

至此,在 script.js 文件中添加 js 代码完毕,完整代码如图 4-24 所示。

```javascript
// 声明一个函数
function setVal(){
    // JavaScript的五种基本数据类型: number、string、boolean、object和function
    var pmLevel = 16;
    var pmLevelArr = [64.5, 22, 58];
    var obj = {sName: '空气监测', sType: 'PM2.5'};
    var sNameDom = document.getElementById("sName");
    var avgValDom = document.getElementById("avgVal");
    var countDom = document.getElementById("count");
    // JavaScript表达式和运算符
    // 字符串连接
    var sName = obj.sName + " " + obj.sType;
    sNameDom.innerHTML = sName;
    // 数值计算: 水位数组的平均值
    var avgVal = (pmLevelArr[0] + pmLevelArr[1] + pmLevelArr[2]) / 3;
    // toFixed取两位小数
    avgValDom.innerHTML = avgVal.toFixed(2);
    // 循环语句: 计算水位数组中超过平均水位的次数
    var time = 0;
    for(var i = 0; i < pmLevelArr.length; i++){
        // 判断语句: 如果超过50, time+1
        if(pmLevelArr[i] > 50){
            time++;
        }
    }
    countDom.innerHTML = time;
}

// 执行函数
setVal();
```

图 4-24 script. js 完整代码

(四)添加空气质量页面内容

1. 修改 head 中标题

代码及添加位置如图 4-25 所示。

```html
<!DOCTYPE html>
<html>
    <head>
        <meta charset="utf-8">
        <title>空气质量调节设计</title>
        <link rel="stylesheet" href="css/style.css" />
    </head>
```

图 4-25 修改标题

2. 修改 body 中空气质量监测页面内容

(1)修改浮动标题内容为“空气质量调节”;

(2)修改 content 中内容,主要包括修改图片的路径和名称、修改无序列表中内容和调用外部 JavaScript 代码(添加外部 js 代码调用路径),其中修改无序列表中内容为重点,具体如下:

①去掉“当前温度:26”“当前湿度:80”“当前位置:南京”列表项。

②添加以下列表项:

- 传感器:sName(在 js 源代码中设置)。
- 当前 PM2.5 平均值::avgVal(在 js 源代码中更新)。
- 大气污染次数:count(在 js 源代码中更新)。

其中，显示的空气质量参数设置为“加粗”。

至此，在 body 中添加温湿度控制界面内容代码完毕，如图 4-26 所示。

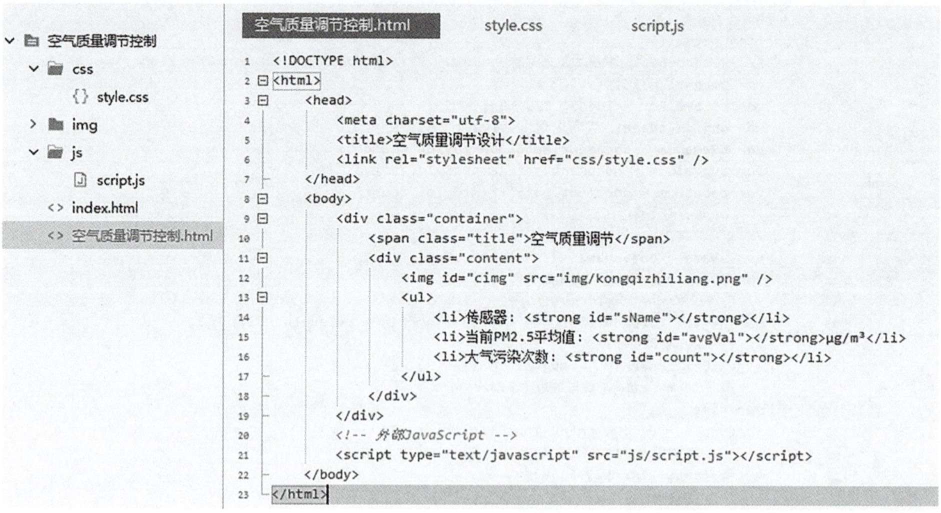


```
<!DOCTYPE html>
<html>
    <head>
        <meta charset="utf-8">
        <title>空气质量调节设计</title>
        <link rel="stylesheet" href="css/style.css" />
    </head>
    <body>
        <div class="container">
            <span class="title">空气质量调节</span>
            <div class="content">
                <img id="cimg" src="img/kongqizhiliang.png" />
                <ul>
                    <li>传感器: <strong id="sName"></strong></li>
                    <li>当前PM2.5平均值: <strong id="avgVal"></strong>μg/m³</li>
                    <li>大气污染次数: <strong id="count"></strong></li>
                </ul>
            </div>
        </div>
        <!-- 外部JavaScript -->
        <script type="text/javascript" src="js/script.js"></script>
    </body>
</html>
```

图 4-26　内容代码

（五）运行效果展示

HTML 页面及 JavaScript 代码编写完成后，可通过浏览器查看页面。运行效果如图 4-27 所示。

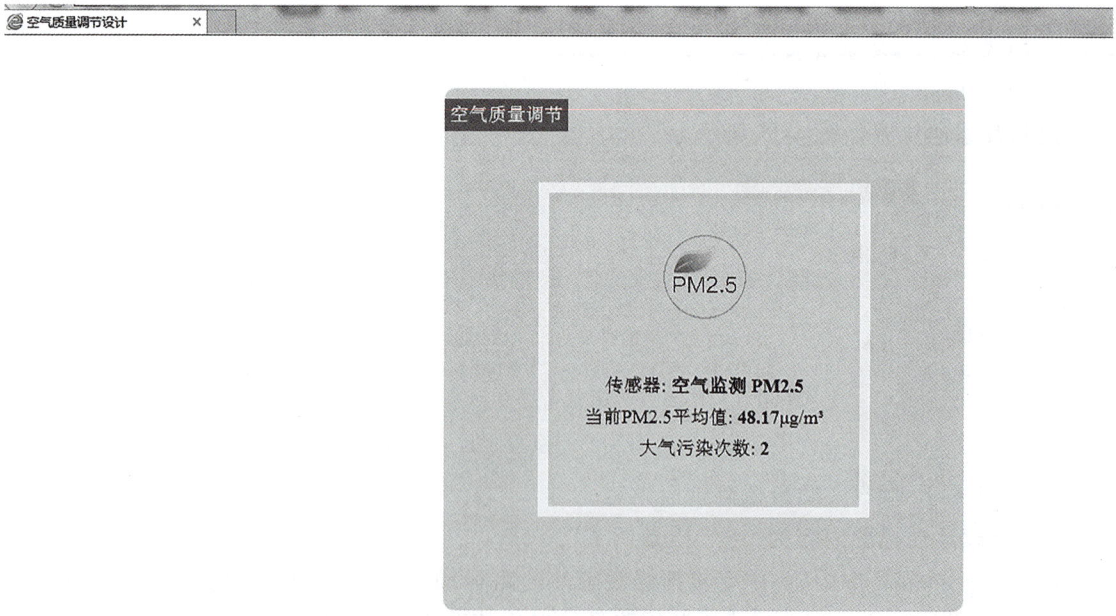

图 4-27　运行效果

任务小结

通过本任务的学习，读者可以掌握 JavaScript 常量与变量、JavaScript 数据类型，以 JavaScript 基本语句、函数的使用。

任务三　安防报警日志页面设计

任务描述

本任务主要学习 JavaScript 对象、JavaScript 基本内置对象、JavaScript 计时事件、JavaScript 基本存储机制等知识内容，并完成安防报警日志页面的设计与程序编写。

任务目标

- 掌握 JavaScript 对象的使用。
- 掌握 JavaScript 基本内置对象的使用。
- 掌握 JavaScript 的计时事件。
- 掌握 JavaScript Cookie 的使用。

任务实施

本任务将要学习的“安防报警日志”界面样式如图 4-28 所示。

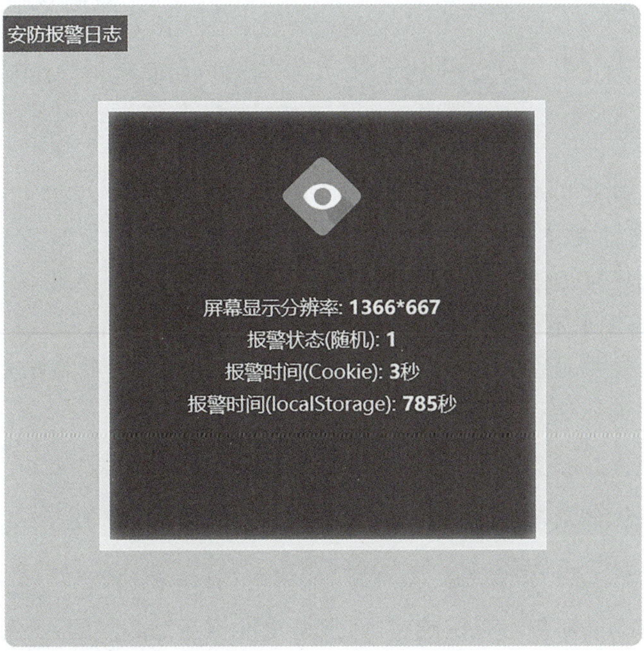

图 4-28　界面样式

界面中设计的各项内容如下：

(1) 在 JavaScript 中使用 onload()函数进行文档加载完毕后完成如下操作：

- 加载完毕或当前窗口大小发生变化时，获取窗口大小；
- 通过随机数函数产生报警状态值；

- 读取 lTime 值和 cookie 内的 cTime 值，并且每秒存储一次，控制台每秒显示一次 cTime；控制台等待 5 s，显示“当前警报未开启”；
- 在 Cookie 和 localStorage 标签上添加清除缓存事件，清除报警时间。

(2)添加无序列表内容，主要包括屏幕显示分辨率、报警状态(随机)、报警时间(cookie)、报警时间(localStorage)，并显示 JavaScript 文件中得到的数值。

一、对象

在我们的真实生活中，一辆汽车可以被看作是一个对象。对象有它的属性和方法，属性如重量和颜色等，方法有启动和停止等。所有汽车都有这些属性，但是每款车的属性都不尽相同。所有汽车都拥有这些方法，但是它们被执行的时间也不尽相同。程序设计中的对象与现实生活中的对象类似，它们是拥有属性和方法的数据结构。

(一)JavaScript 对象

在 JavaScript 中，对象是变量的容器，理解了对象就可以更好地了解 JavaScript。

前面我们已经学习了如何给 JavaScript 的变量赋值。例如以下代码就是为变量 car 赋值为 Fiat：

```
var car="Fiat";
```

对象也是一个变量，但对象可以包含多个值(多个变量)，示例代码如下：

```
var car={type:"Fiat",model:500,color:"white"};
```

上例中，3 个值("Fiat"、500、"white")赋予变量 car，3 个变量(type、model、color)赋予变量 car。

(二)对象的定义

在 JavaScript 中，创建新对象有以下两种不同的方法：

- 使用对象字面量来定义对象，然后创建新的对象实例。
- 使用 Object 定义并创建对象的实例。

1. 使用对象字面量来定义对象

在 JavaScript 中，使用对象字面量来定义对象是一种简洁且直观的方法，它允许开发者在花括号内直接指定对象的属性和方法，语法格式如下：

```
{ name1:value1,name2:value2,...nameN:valueN }
```

我们来看一个具体的示例，代码如下：

```
var person={firstName:"John",lastName:"Doe",age:50,eyeColor:"blue"};
```

此外，定义 JavaScript 对象可以跨越多行，空格跟换行不是必需的，示例代码如下：

```
var person={
    firstName:"John",
    lastName:"Doe",
    age:50,
    eyeColor:"blue"
};
```

2. 使用 Object 定义对象

在 JavaScript 中使用 Object 构造函数定义对象是一种灵活且强大的方式,它允许开发者在运行时动态地创建和修改对象。Object 构造函数会先创建一个对象包装器,然后根据给定参数创建对象,示例代码如下:

```
function person(firstname,lastname,age,eyecolor){
 this.firstname=firstname;
 this.lastname=lastname;
 this.age=age;
       this.eyecolor=eyecolor;
}
```

在 JavaScript 中,this 通常指向的是正在执行的函数本身,或者指向该函数所属的对象(运行时)。

(三)对象属性

对象的属性用于存储各种数据和信息,键值对中的键作为属性的名称,是唯一标识符,用于区分不同的属性;值则是属性所存储的数据内容。在 JavaScript 中,对象是键值对的容器,键值对通常写法为 name:value(键与值以冒号分割),它在 JavaScript 中通常被称为对象属性。

1. 键值对

在 JavaScript 中,键值对是一种用于存储和组织数据的结构,它由一个唯一的键(key)和一个与该键相关联的值(value)组成。对象键值对的写法类似于:

- PHP 中的关联数组。
- Python 中的字典。
- C 语言中的哈希表。
- Java 中的哈希映射。
- Ruby 和 Perl 中的哈希表。

2. 访问对象属性

在 JavaScript 中访问对象属性的方法主要包括点表示法、方括号表示法两种。

(1)点表示法

点表示法是 JavaScript 中最常用的访问对象属性的方法,使用点(.)连接对象名和属性名,示例代码如下:

```
person.lastName;
```

(2)方括号表示法

方括号表示法使用方括号([])将属性名作为字符串传入,示例代码如下:

```
person["lastName"];
```

(四)对象方法

在 JavaScript 中,对象的方法定义了一个函数,并作为对象的属性存储。

例如,我们可以通过实例访问 person 对象的 fullName()方法,实现代码如下:

```
name=person.fullName();
```

1. 创建对象方法

创建对象方法的语法格式如下:

```
methodName:function(){
    //代码
}
```

用户还可以在构造器函数内部定义对象,示例代码如下:

```
function person(firstname,lastname,age,eyecolor)
{
    this.firstname=firstname;
    this.lastname=lastname;
    this.age=age;
    this.eyecolor=eyecolor;
    this.changeName=changeName;
    functionchangeName(name)
    {
        this.lastname=name;
    }
}
```

2. 访问对象方法

访问对象方法的语法格式如下:

```
objectName.methodName()
```

通常 methodName()是作为 objectName 对象的一个方法,methodName 是作为一个属性。如果使用 methodName 属性,则不添加(),它会返回函数的定义,示例代码如下:

```
objectName.methodName
```

二、JavaScript 基本内置对象

JavaScript 基本内置对象是 JavaScript 语言的核心组成部分,它们提供了一组预定义的对象类型和功能。掌握这些内置对象及其方法和属性,对于编写高效、简洁的 JavaScript 代码至关重要。

(一)Math 对象

Math 对象提供了多种算数值类型和函数,其作用是执行常见的算术任务。无须在使用这个对象之前对它进行定义。Math 对象中最常用的属性是 PI,一般用 Math. PI 来调用,输出的值为 3. 141592653589793,也就是圆周率。

Math 的内置对象很多,但比较简单。具体如表 4-3 所示。

表 4-3　Math 内置对象

对象名称	说　　明
Math. abs(x)	用来返回数的绝对值
Math. ceil(x)	向上取整,比如 1.1 和 1.9 这两个数返回的都是 2。如果是传入的数字是负数的话,比如-1.1 和-1.9,返回的值是-1
Math. floor(x)	向下取整,跟 Math. ceil()方法刚好相反
Math. max(x,y,…)	返回括号内所有数字中的最大值。括号里的数字可以是任意多个
Math. min(x,y,…)	返回括号内所有数字中的最小值。括号里数字可以是任意多个

续表

对象名称	说明
Math. pow(x,y)	返回计算 x 的 y 次幂,也就是 y 个 x 相乘的值
Math. round(x)	返回 x 四舍五入后的结果
Math. random(x)	返回一个 0~1 的随机数。注意,这个随机数不能是 1

(二)Date 对象

Date 对象是用来处理日期和时间的。可通过无参构造函数(new)来创建一个新 Date 对象,创建格式如下:

```
var date=new Date();//通过 new 的方式创建一个日期对象;
```

1. 创建日期

在 JavaScript 中,有四种初始化日期的方式,语法格式如下:

```
new Date();
new Date(value);
new Date(dateString);
new Date(year,monthIndex[,day[,hours[,minutes[,seconds[,milliseconds]]]]]);
```

上面的参数大多数都是可选的,在不指定的情况下,默认是 0。

我们来看一个具体 IDE 创建日期的示例,代码如下:

```
var today=new Date();
var d1=new Date("October 13,1975 11:13:00");
var d2=new Date(79,5,24);
var d3=new Date(79,5,24,11,33,0);
```

2. Date 对象的方法

Date 对象的属性用的不多,大多数情况下用的还是它的方法,在使用 var 关键字定义了一个 date 之后,就可以调用它的方法了。Date 对象的方法说明如表 4-4 所示。

表 4-4 Date 对象的方法说明

方法名称	说明
date. getFullYear()	从 Date 对象(也就是这里的 date)中返回年份
date. getMonth()	从 Date 对象中返回月份。注意:这里的月份是返回 0 到 11 的数字,0 对应一月,1 对应二月,所以在使用的时候记得要加一
date. getDate()	从 Date 对象返回一个月中的某一天
date. getDay()	从 Date 对象返回一个星期中的某一天。注意,这里返回的也是从 0 开始的数字,0 对应星期日,1 对应星期一,6 对应星期六
date. getHours()	返回 Date 对象的小时(0~23)
date. getMinutes()	返回 Date 对象的分钟(0~59)
date. getSeconds()	返回 Date 对象的秒数(0~59)
date. getTime()	返回 1970 年 1 月 1 日到 Date 对象所设时间的毫秒数

（三）Array 数组对象

数组对象的作用是使用单独的变量名来存储一系列的值。

数组可以用一个变量名存储所有的值，并且可以用变量名访问任何一个值。数组中的每个元素都有自己的 ID，以便它可以很容易地被访问到。

1. 创建数组对象

跟 Date 对象一样，Array 也是用无参构造函数（new）的方式来创建一个新的对象，其语法格式如下：

```
var arr=new Array();
```

创建一个数组对象，通常有常规方式、简洁方式和数组字面量方式三种。

（1）常规方式是使用 Array 构造函数来创建一个数组对象。该方式适用于需要动态添加元素的场景，示例代码如下：

```
var myCars=new Array();
myCars[0]="Saab";
myCars[1]="Volvo";
myCars[2]="BMW";
```

（2）简洁方式是直接使用方括号来创建和初始化数组。该方式适用于快速创建和初始化数组的场景，示例代码如下：

```
var myCars=new Array["Saab","Volvo","BMW"];
```

（3）数组字面量方式与简洁方式类似，但通常用于更复杂的初始化场景，示例代码如下：

```
var myCars=["Saab","Volvo","BMW"];
```

2. 数组方法和属性

Array 对象有个最常用的属性，就是 length 用来设置或返回数组中元素的数目。在创建了新的 Array 对象后，使用 arr. length 可以直接设置或返回数组中元素的数目。数组中常用的方法如表 4-5 所示。

表 4-5　数组中的常用方法

方法名称	说　明
arr. concat(ArrayX. . .)	用于连接两个或多个数组，其中 ArrayX 可以是数组，也可以是具体的值，每一项用逗号隔开
arr. join()	用于返回一个包含数组中所有元素的字符串，默认逗号为分隔符，不过括号内可以定义分隔符的样式
arr. push()	用于向数组末尾添加一个或多个元素，并返回新数组的长度。添加的元素在括号中，并用逗号隔开
arr. reverse()	用于颠倒数组中元素的顺序。调用这个方法之后函数就已经颠倒顺序了，直接 console. log（arr）就可以直接输出排序好的数组了
arr. sort()	用于对数组进行排序。如果调用该方法时没有参数，将按字母顺序（即字符编码的顺序）对数组中的元素进行排序。如果想要按照其他标准进行排序就需要提供比较函数，来定义排序的顺序
arr. toString()	用于把数组转化为字符串，并返回结果，返回的字符串默认用逗号隔开
arr. valueOf()	用于返回数组对象的原始值，也就是返回整个数组

(四)字符串对象

在 JavaScript 中,字符串的属性跟数组很像,通常把字符串看成数组的样式。

```
var str=newString();
```

字符串的属性和方法跟数组很类似,字符串也有 length 属性,用来返回字符串的长度。表 4-6 列举了一些常用的字符串方法。

表 4-6 常用的字符串方法

方法名称	说明
str. indexOf()	用于返回指定内容在原字符串中的位置。如果没有,则返回-1
str. trim()	用于去除字符串前后的空格
str. concat()	用于拼接字符串。该方法与加号的效果是一样的,通常用加号连接字符串
str. substring(start,end)	用于字符串的截取。从 start 位置开始,截取到 end 为止,end 取不到
str. substr(start,length)	用于字符串的截取。从 start 位置开始,截取"length 长度"个字符串,如果没有写 length 的值则默认截取到最后
str. replace()	用于替换字符串的某个元素,并返回替换后的字符串
str. split()	用于把字符串分割成数组形式返回。直接 console. log(arr)就可输出排序好的数组

三、JavaScript 计时事件

JavaScript 计时事件是指在指定的时间延迟之后或按照设定的时间间隔重复执行的代码段,主要用于实现延迟执行、周期性执行等操作,比如定时任务、动画效果、页面自动更新等。

(一)JavaScript 计时事件实现方法

JavaScript 中的计时事件主要通过 setTimeout()和 setInterval()两个函数来实现。

注意:setInterval()和 setTimeout()是 HTML DOM Window 对象的两个方法。

1. setInterval()方法的使用与停止

setInterval()方法用于间隔指定的毫秒数重复执行指定的代码,语法格式如下:

```
window.setInterval("javascript function",milliseconds);
```

window. setInterval()方法可以不使用 window 前缀,直接使用函数 setInterval()。

setInterval()的第一个参数是函数(function),第二个参数是间隔的毫秒数。

(二)示列

下面我们来看两个setInterval()方法使用的具体示例。

示例 1:每 3 秒弹出"Hello"信息,代码如下:

```
setInterval(function(){alert("Hello")},3000);
```

示例 2:使用 setInterval()方法设置每秒钟执行一次代码,显示当前时间,实现代码如下:

```
var myVar=setInterval(function(){myTimer()},1000);
function myTimer()
{
    var d=newDate();
    var t=d.toLocaleTimeString();
    document.getElementById("demo").innerHTML=t;
}
```

当我们需要停止执行 setInterval()方法的代码时，需要用到 clearInterval()方法，语法格式如下：

```
window.clearInterval(intervalVariable)
```

同样，以上语法格式中，window.clearInterval()方法可以不使用 window 前缀，直接使用函数 clearInterval()。注意，要使用 clearInterval()方法，在创建计时事件方法时必须使用全局变量，语法格式如下：

```
myVar=setInterval("javascript function",milliseconds);
```

我们来看一个具体的示例（示例中添加了“停止”按钮），代码如下：

```
<p id="demo"></p>
<button onclick="myStopFunction()">停止</button>
<script>
var myVar=setInterval(function(){myTimer()},1000);
function myTimer(){
      var d=newDate();
      var t=d.toLocaleTimeString();
      document.getElementById("demo").innerHTML=t;
}
function myStopFunction(){
      clearInterval(myVar);
}
</script>
```

2. setTimeout()方法的使用与停止

在 JavaScript 中，setTimeout()方法用于设置一个定时器，该定时器在指定的延迟时间后执行一次提供的函数或代码片段。setTimeout()方法会返回某个值。在下面的语句中，值被存储在名为 myVar 的变量中。

```
myVar=window.setTimeout("javascript function",milliseconds);
```

我们来看一个示例。下面语句的功能是等待 3 秒弹出“Hello”信息。

```
setTimeout(function(){alert("Hello")},3000);
```

如果需要停止执行 setTimeout()方法的函数代码，我们会用到 clearTimeout()方法，该方法用于清除一个由函数 setTimeout()设置的定时器，其语法格式如下：

```
window.clearTimeout(timeoutVariable)
```

以上语法格式中，window.clearTimeout()方法可以不使用 window 前缀。要使用 clearTimeout()方法，必须在创建方法（setTimeout）中使用全局变量，语法格式如下：

```
myVar=setTimeout("javascript function",milliseconds);
```

我们依然以 3 秒后显示“Hello”信息为例，演示如何清除设置的定时器，代码如下：

```
var myVar;
function myFunction()
{
```

```
        myVar=setTimeout(function(){alert("Hello")},3000);
    }
    function myStopFunction()
    {
        clearTimeout(myVar);
    }
```

以上代码中,myFunction()函数设置了一个定时器,计划在 3 秒后显示信息“Hello”;而函数 myStopFunction()用于取消这个定时器,防止它在 3 秒后执行。

四、JavaScript 基本存储机制

(一)Cookie

Cookie 是存储于电脑文本文件中的数据。当 Web 服务器向浏览器发送 Web 页面时,在连接关闭后,服务端不会记录用户的信息。Cookie 的作用就是记录客户端的用户信息,具体如下:

- 当用户访问 Web 页面时,名字可以记录在 Cookie 中。
- 在用户下一次访问该页面时,可以在 Cookie 中读取用户访问记录。

Cookie 以名/值对形式存储,语法格式如下:

```
username=John Doe
```

当浏览器从服务器上请求 Web 页面时,属于该页面的 Cookie 会被添加到该请求中。服务端通过这种方式来获取用户的信息。

1. Cookie 基本操作

在 JavaScript 中,通常使用属性 document. cookie 来创建、读取、修改、删除 Cookie,我们来具体了解一下。

(1)创建 Cookie

在 JavaScript 中,创建 Cookie 的语法格式如下:

```
document.cookie="username=John Doe";
```

还可以为 Cookie 添加一个过期时间(以 UTC 或 GMT 时间为准)。默认情况下,Cookie 在浏览器关闭时删除,示例代码如下:

```
document.cookie="username=John Doe;expires=Thu,18 Dec 2043 12:00:00 GMT";
```

具体实践中,可以使用 path 参数告诉浏览器 Cookie 的路径。默认情况下,Cookie 属于当前页面,示例代码如下:

```
    document.cookie="username=John Doe; expires=Thu, 18 Dec 2043 12:00:00 GMT;
path=/"
```

(2)读取 Cookie

在 JavaScript 中,读取 Cookie 的语法格式如下:

```
var x=document.cookie;
```

document. cookie 将以字符串的方式返回所有的 cookie,类型格式为 cookie1=value、cookie2=value、cookie3=value。

(3)修改 Cookie

在 JavaScript 中,修改 Cookie 类似于创建 Cookie,旧的 Cookie 将被覆盖,示例代码如下:

```
document.cookie="username=John Smith; expires=Thu, 18Dec 2043 12:00:00 GMT;
path=/";
```

(4)删除 Cookie

删除 Cookie 非常简单,只需要设置 expires 参数为以前的时间即可。例如在下面的示例代码中,设置时间为 Thu,01 Jan 1970 00:00:00 GMT:

```
document.cookie="username=;expires=Thu,01 Jan 1970 00:00:00 GMT";
```

注意,删除 Cookie 时不必指定其值。

2. Cookie 字符串

Cookie 字符串是服务器发送到用户浏览器并保存在本地的一小块数据,用于存储用户信息、会话状态、偏好设置等。在 JavaScript 中,可以使用属性 document.cookie 来获取当前页面的所有 Cookie 字符串。然后,通过字符串处理方法将 Cookie 字符串解析成键值对对象,以便进行操作。

document.cookie 属性看起来像一个普通的文本字符串,但它并不是字符串。在 document.cookie 中写入一个完整的 cookie 字符串,重新读取该 cookie 信息时,cookie 信息是以名/值对形式展示的。设置了新的 cookie,旧的 cookie 不会被覆盖。新 cookie 将添加到 document.cookie 中,所以如果重新读取 document.cookie,将获得如下所示的数据:cookie1=value;cookie2=value;

如果查找一个指定 Cookie 值,必须创建一个 JavaScript 函数在 Cookie 字符串中查找 cookie 值。在以下示例中,我们将创建 Cookie 来存储访问者名称。

首先,访问者访问 Web 页面,将被要求填写自己的名字。该名字会存储在 Cookie 中。访问者下一次访问页面时,会看到一个欢迎的消息。

在这个示例中我们会创建 3 个 JavaScript 函数,它们分别用于设置 cookie 值、获取 cookie 值以及检测 cookie 值。

(1)设置 cookie 值的函数

首先,创建一个函数用于存储访问者的名字,实现代码如下:

```
function setCookie(cname,cvalue,exdays)
{
  var d=new Date();
  d.setTime(d.getTime()+(exdays*24*60*60*1000));
  var expires="expires="+d.toGMTString();
  document.cookie=cname+"="+cvalue+";"+expires;
}
```

以上的函数参数中,cookie 的名称为 cname,cookie 的值为 cvalue,并设置了 cookie 的过期时间 expires。

(2)获取 cookie 值的函数

创建一个函数用于返回指定 cookie 的值,实现代码如下:

```
function getCookie(cname)
{
  var name=cname+"=";
```

```
    var ca=document.cookie.split(';');
    for(var i=0;i<ca.length;i++)
    {
      var c=ca[i].trim();
      if(c.indexOf(name)==0)return c.substring(name.length,c.length);
    }
    return "";
  }
```

以上代码中,创建了一个文本变量用于检索指定 cookie:cname+"="。使用分号来分割 document.cookie 字符串,并将分割后的字符串数组赋值给 ca。循环 ca 数组,然后读取数组中的每个值,并去除前后空格。

如果找到 cookie,就返回 cookie 的值;如果没有找到 cookie,则返回""。

(3)检测 cookie 值的函数

创建一个检测 cookie 是否创建的函数。如果设置了 cookie,将显示一个问候信息;否则将会显示一个弹窗用于询问访问者的名字,并调用 setCookie()函数将访问者的名字存储 365 天实现代码如下:

```
  function checkCookie()
  {
    var username=getCookie("username");
    if(username!="")
    {
      alert("Welcome again "+username);
    }
    else{
      username=prompt("Please enter your name:","");
      if(username!="" && username!=null)
      {
         setCookie("username",username,365);
      }
    }
  }
```

(二)JavaScript 存储对象

在 JavaScript 中,提供了 sessionStorage(会话存储)和 localStorage(本地存储)两个用于在浏览器端存储数据的 API,它们都是 Web Storage API 的一部分,主要用来对网页的数据进行添加、删除、修改、查询操作。

- sessionStorage 用于临时保存同一窗口(或标签页)的数据,关闭窗口或标签页之后将被删除。
- localStorage 用于长久保存整个网站的数据,保存的数据没有过期时间,除非手动删除。

1. 存储对象的属性

在 JavaScrip 中,存储对象的属性为 length,它用于返回存储对象中包含多少条数据。

2. 存储对象的方法

在 JavaScrip 中,存储对象方法如表 4-7 所示。

表 4-7 存储对象的方法

方法名称	描　述
key(n)	返回存储对象中第 *n* 个键的名称
getItem(keyname)	返回指定键的值
setItem(keyname, value)	添加键和值，如果对应的值存在，则更新该键对应的值。
removeItem(keyname)	移除键
clear()	清除存储对象中所有的键

3. sessionStorage 存储数据

(1)保存数据

创建一个会话存储(本地临时存储)的 key/value 对，key = "lastname" value = "Smith"，语法格式如下：

```
sessionStorage.setItem("key","value");
sessionStorage.setItem("lastname","Smith");
```

(2)读取数据的语法格式如下：

```
var lastname=sessionStorage.getItem("key");
```

(3)删除数据的语法格式如下：

```
sessionStorage.removeItem("key");
```

(4)删除全部数据的语法格式如下：

```
sessionStorage.clear();
```

4. localStorage 存储数据

(1)保存数据

创建一个本地存储的 key/value 对，key = "lastname" value = "Smith"，语法格式如下：

```
localStorage.setItem("key","value");
localStorage.setItem("lastname","Smith");
```

(2)读取数据的语法格式如下：

```
var lastname=localStorage.getItem("key");
```

(3)删除数据的语法格式如下：

```
localStorage.removeItem("key");
```

五、安防报警日志页面制作

(一)创建安防报警日志界面

复制“温湿度环境监测界面样式”项目文件，修改项目名称为“安防报警日志设计”，将“温湿度环境监测页面 . html”名称改为“安防报警日志页面 . html”。

(二)创建 js 源码文件

在项目资源管理器中选择刚才新建的项目，单击“文件”→“新建”，并选择“js 文件”，如图 4-29 所示。

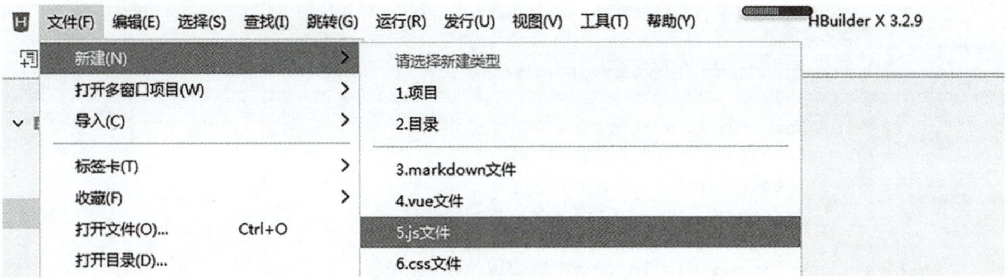

图 4-29　选择 js 文件

设置文件名(script. js)和保存路径,然后单击“创建”按钮,如图 4-30 所示。

图 4-30　创建 js 文件

(三)设计安防报警日志 js 源代码

接下来我们将设计安防报警日志页面源代码,并将代码写入 script. js 文件中。

1. 添加事件绑定事件处理函数

添加 window. onload()函数,在当 HTML 页面完全载入后(包括图片、css 文件等)执行脚本代码。代码及添加位置如图 4-31 所示。

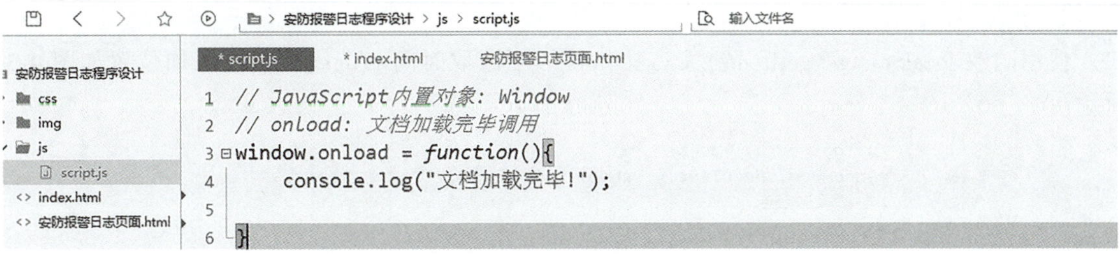

图 4-31　添加事件处理函数

2. 添加事件窗口或框架

添加 window. onresize()函数代码,当浏览器视窗发生变化时调用 getScreen()函数,获取窗口的尺寸。将 window. onresize = function()添加到 window. onload()事件函数中。代码及添加位置如图 4-32 所示。

3. 通过随机数函数产生随机报警状态值

函数代码及添加位置如图 4-33 所示。

```
// JavaScript内置对象: Window
// onload: 文档加载完毕调用
window.onload = function(){
    console.log("文档加载完毕!");
    getScreen();
    // onresize: 浏览器视窗大小变化时调用
    window.onresize = function(){
        console.log("当前窗口发生变化!");
        getScreen();
    }

}

// 定义一个函数, 每一次调用时, 获取当前视口的宽和高
function getScreen(){
    var cScreenDom = document.getElementById("cScreen");
    // window方法: innerWidth和innerHeight
    var width = window.innerWidth;
    var height = window.innerHeight;
    cScreenDom.innerHTML = width + "*" + height;
}
```

图 4-32　添加事件处理函数

```
        console.log("当前窗口发生变化!");
        getScreen();
    }
    // JavaScript内置对象: Math
    // Math.random(): 获取(0, 1]之间的随机数
    var random = Math.random();
    var randomDom = document.getElementById("rState");
    // toFixed(x): 获取x位小数
    randomDom.innerText = random.toFixed(0);
    // 读取lTime

}
```

图 4-33　产生随机报警状态值

4. 读取 lTime 值

使用函数 localStorage. getItem()从 localStorage 中读取时间 lTime,代码及添加位置如图 4-34 所示。

```
    // toFixed(x): 获取x位小数
    randomDom.innerText = random.toFixed(0);
    // 读取lTime
    var num, num2;
    if(localStorage.getItem("lTime")){
        num = localStorage.getItem("lTime")
    }else{
        num = 0;
    }
```

图 4-34　读取 lTime 值

5. 读取 Cookie 内的 cTime 值

实现代码及添加位置如图 4-35 所示。

注意: Cookie 需在服务器环境下使用,可通过 HBuilderX 等编辑器建立微型服务器。

```
    num = 0;
}
// 读取cookie, 注意: cookie需在服务器环境下使用, 可通过HBuilderX等编辑器建立微型服务器
var str = document.cookie.split(";");
console.log("%c document.cookie=" + document.cookie, "color: red");
console.log("%c str=" + str, "color: red");
if(document.cookie.indexOf("cTime") > -1){
    console.log("%c 即将进入循环", "color: red");
    for(var i = 0; i < str.length; i++){
        var arr = str[i].split("=");
        if(arr[0] == "cTime"){
            console.log("%c parseInt(arr[1])=" + parseInt(arr[1]), "color: red");
            num2 = parseInt(arr[1]) != "NaN" ? parseInt(arr[1]) : 0;
        }
    }
}else{
    num2 = 0;
}
```

图 4-35 读取 cTime 值

6. 每秒存储一次 lTime 和 cTilme

函数 setInterval()首先获取 lTime 和 cTime 的值,并把 lTime 存入 localStorage(永久保存),把 cTime 存入 Cookie(浏览器关闭时删除)。代码及添加位置如图 4-36 所示。

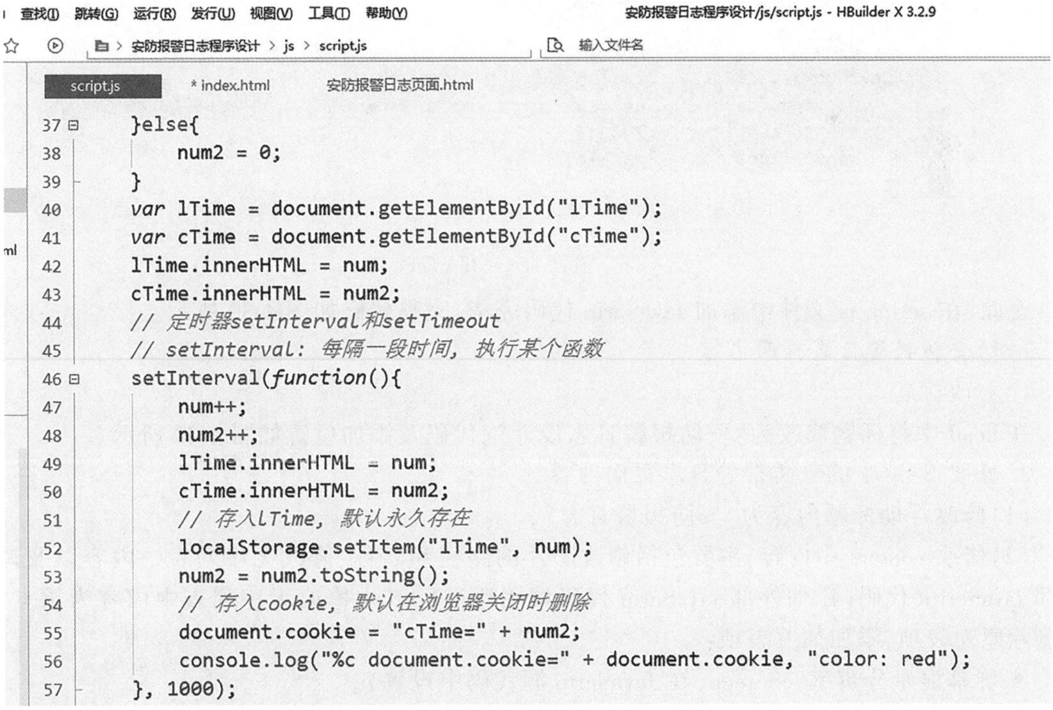

图 4-36 存储 lTime 和 cTime 值

7. 定时输出控制板提示信息

使用函数 setTimeout()于 5 秒后在控制板输出提示信息“延时的信息窗口:当前警报未开启”。代码及添加位置如图 4-37 所示。

```
script.js    * index.html    安防报警日志页面.html

            document.cookie = "cTime=" + num2;
            console.log("%c document.cookie=" + document.cookie, "color: red");
        }, 1000);
        // setTimeout: 隔一段时间, 执行某个函数(仅一次)
        setTimeout(function(){
            console.log("延时的信息窗口: 当前警报未开启");
        }, 5000);
```

图 4-37　定时输出提示信息

8. 分别在两段 p 标签上添加清除缓存的事件方法

监听 clearLTime 标签点击鼠标事件，调用函数 localStorage. setItem()清除 lTime；监听 clearCTime 标签点击鼠标事件，调用 document. cookie = " cTimeState = ; expires = Thu, 01 Jan 1970 00:00:00 GMT" 清除 cTime;。代码及添加位置如图 4-38 所示。

```
            console.log("延时的信息窗口: 当前警报未开启");
        }, 5000);

        // 分别在两段p标签上添加清除缓存的事件方法
        var clearlTime = document.querySelector("#clearLTime");
        clearlTime.addEventListener("click", function(){
            localStorage.setItem("lTime", "");
            alert("lTime清除成功!");
            window.location.reload();
        })
        var clearCookie = document.querySelector("#clearCTime");
        clearCookie.addEventListener("click", function(){
            document.cookie = "cTimeState=; expires=Thu, 01 Jan 1970 00:00:00 GMT";
            alert("cookie清除成功!");
            window.location.reload();
        })
}
```

图 4-38　清除 lTime 和 cTime 值

至此，在 script. js 文件中添加 JavaScrip 代码完毕，完整代码如图 4-39 所示。

（四）安防报警日志页面内容

1. 修改标题

在 head 中将标题修改为“安防报警日志设计”，代码及添加位置如图 4-40 所示。

2. 修改 body 中的安防报警日志页面内容

（1）修改浮动标题内容为“安防报警日志”；

（2）修改 content 中内容，主要包括修改图片的路径和名称、修改无序列表中内容以及调用外部 JavaScript 代码（添加外部 JavaScrip 代码调用路径），其中修改无序列表中内容为重点，需要删除原列表项，添加如下表项：

- 屏幕显示分辨率：cScreen（在 JavaScrip 源代码中设置）。
- 报警状态（随机）：rState（在 JavaScrip 源代码中更新）。
- 报警时间（Cookie）：cTime（在 JavaScrip 源代码中更新）。
- 报警时间（localStorage）：lTime（在 JavaScrip 源代码中更新）。

其中，显示的报警参数设置为“加粗”。

至此，在 body 中添加温湿度控制界面内容代码完毕，如图 4-41 所示。

script.js　* index.html　安防报警日志页面.html

```
// JavaScript内置对象: Window
// onload: 文档加载完毕调用
window.onload = function(){
    console.log("文档加载完毕!");
    getScreen();
    // onresize: 浏览器视窗大小变化时调用
    window.onresize = function(){
        console.log("当前窗口发生变化!");
        getScreen();
    }
    // JavaScript内置对象: Math
    // Math.random(): 获取(0, 1]之间的随机数
    var random = Math.random();
    var randomDom = document.getElementById("rState");
    // toFixed(x): 获取x位小数
    randomDom.innerText = random.toFixed(0);
    // 读取lTime
    var num, num2;
    if(localStorage.getItem("lTime")){
        num = localStorage.getItem("lTime")
    }else{
        num = 0;
    }
    // 读取cookie, 注意: cookie需在服务器环境下使用, 可通过HBuilderX等编辑器建立微型服务器
    var str = document.cookie.split(";");
    console.log("%c document.cookie=" + document.cookie, "color: red");
    console.log("%c str=" + str, "color: red");
    if(document.cookie.indexOf("cTime") > -1){
        console.log("%c 即将进入循环", "color: red");
        for(var i = 0; i < str.length; i++){
            var arr = str[i].split("=");
            if(arr[0] == "cTime"){
                console.log("%c parseInt(arr[1])=" + parseInt(arr[1]), "color: red");
                num2 = parseInt(arr[1]) != "NaN" ? parseInt(arr[1]) : 0;
            }
```

图 4-39　script. js 完整代码

* index.html　安防报警日志页面.html　script.js

```
<!DOCTYPE html>
<html>
    <head>
        <meta charset="utf-8">
        <title>安防报警日志设计</title>
        <link rel="stylesheet" href="css/style.css" />
    </head>
```

图 4-40　修改标题

* index.html　安防报警日志页面.html　script.js

```
<!DOCTYPE html>
<html>
    <head>
        <meta charset="utf-8">
        <title>安防报警日志设计</title>
        <link rel="stylesheet" href="css/style.css" />
    </head>
    <body>
        <div class="container">
            <span class="title">安防报警日志</span>
            <div class="content">
                <img id="cimg" src="img/anfang.png" />
                <ul>
                    <li>屏幕显示分辨率: <strong id="cScreen"></strong></li>
                    <li>报警状态(随机): <strong id="rState"></strong></li>
                    <li id="clearCTime">报警时间(Cookie): <strong id="cTime"></strong>秒</li>
```

图 4-41　页面内容代码

（五）运行效果展示

HTML 页面及 JavaScript 代码编写完成后，可通过浏览器查看页面。浏览器正常显示状态下运行效果如图 4-42 所示。

图 4-42　正常显示状态下运行效果

修改浏览器屏幕显示分辨率后的运行效果如图 4-43 所示。

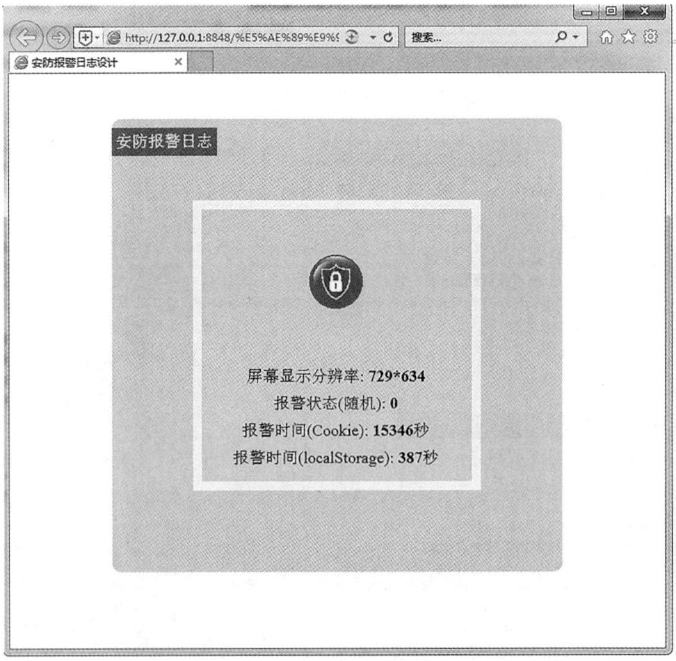

图 4-43　修改屏幕显示分辨率后的运行效果

点击 cookie 清除 cTime 后的运行效果如图 4-44 所示。

点击 localStorage 清除 iTime 后的运行效果如图 4-45 所示。

图 4-44 清除 cTime 后的运行效果

图 4-45 清除 iTime 后的运行效果

任务小结

通过本任务的学习，读者可以掌握 JavaScrip 的内置对象、JavaScrip 计时事件，以及 JavaScrip 存储机制的使用。

思考与练习

一、填空题

1. JavaScript 中，如果已知 HTML 页面中某标签对象的 id="username"，用________方法获得该标签对象。
2. 定义了一个变量，但没有为该变量赋值，如果 alert 该变量，Javascript 弹出的对话框中显示________。
3. JavaScript 有两种复合数据类型：________、________。
4. JavaScript 有两种引用数据类型：________、________。
5. JavaScript 有两种特殊数据类型：________、________。
6. document 中的选择器有________、________、________。
7. window 对象中的定时器有________、________。
8. typeof NaN、typeof Array 的结果分别是________、________。
9. typeof [1,2,3]、typeof undefined 的结果分别是________、________。
10. 用 JavaScript 将 id 为 mydiv 的标签元素的样式名设置为“bigfont”：________。
11. window 的________事件在浏览器完成页面加载后立即触发。
12. JavaScript 里 Math 的________方法返回介于 0 和 1 之间的伪随机数。
13. 获得焦点的事件是________，失去焦点的事件是________。

14. JavaScript 通过________延迟指定时间后,去执行某程序。

15. JavaScript 里 String 对象通过________方法取第一次出现子字符串的字符位置。

16. 通过 JavaScript 使页面后退的代码是________。

17. JavaScript 里若已知元素 id,通过________可以获得一个元素。

18. JavaScript 里若已知元素 name,通过________可以获得一组元素。

19. HTML 页面中有一个 ul,id 为 menulist,name 为 mymenu,这个 ul 标签中有五个 li 标签,通过________可以获得这个 ul 标签中的五个 li 元素。

20. JavaScript 里弹出对话框的三个命令为________、________、________。

21. JavaScript 里字符串执行正则的方法是________,字符串里根据指定字符切割的方法是________。

22. Select 当选择发生变化触发的事件是________,表单提交事件是________。

二、判断题

1. (　　)JavaScript 是 Microsoft 公司设计的脚本语言。
2. (　　)JavaScript 既可以用于 Web 客户端应用,也可以用于 Web 服务器端应用。
3. (　　)编写 JavaScript 代码的唯一工具是纯文本编辑器。
4. (　　)在定义 JavaScript 变量时,一定要指出变量名和值。
5. (　　)用 var 定义一个变量后,如果没有赋予任何值,那么它的值是空值,即 null。
6. (　　)JavaScript 规定在使用任何变量之前必须先使用 var 声明它。
7. (　　)在使用 var x=1 声明变量 x 之后,赋值语句 x="今天天气真好"将出错。
8. (　　)JavaScript 中的事件柄指向一段脚本程序,用来处理所发生的事件。
9. (　　)JavaScript 的文档对象模型是树型结构的。
10. (　　)JavaScript 的核心语言对象包括字符串对象、数学对象、日期对象、数组对象。
11. (　　)JavaScript 与客户端的交互是基于事件驱动的。
12. (　　)JavaScript 不声明变量的数据类型,变量可直接使用。

三、选择题

1. 执行语句 var a=10;b=20;c=4;++b+c+a++,以下(　　)结果是正确的。

A. 34　　B. 35　　C. 36　　D. 37

2. JavaScript 中,以下声明变量语句中(　　)不正确。

A. varaa;　　B. var bb=3;cc='good';

C. var dd=ee=100;　　D. var ff=3,

3. var arr=newArray(new Array(9,0,3,4,5),['a','b','c'],new Array(2,9,0,6));则 arr[1][3]=(　　)

A. c　　B. 6　　C. 4　　D. undefined

4. 以下代码正确的运行结果是(　　)

```
var arr=[0,1,2,3,4,5,6];arr2=arr.slice(2,5);
alert(arr2);
```

A. 1,2,3　　B. 1,2,3,4　　C. 2,3,4　　D. 2,3,4,5

5. (　　)属性用于获取 HTML 文件的根节点。

A. documentElement　　B. rootElement　　C. documentNode　　D. documentRoot

6. 以下单词(　　)不属于 JavaScript 保留字。

A. with　　B. instanceof　　C. base　　D. void

7. 设置下拉列表框中某项被默认选中的属性是(　　)

A. checked　　B. check　　C. selected　　D. select

8. nodeType 属性可用于获取节点类型,如果返回值为 1,则表明该节点为(　　)。

A. 文本节点　　B. 元素节点　　C. 属性节点

9. JavaScript 的基本数据类型不包括(　　)

A. 字符串　　B. 数组　　C. 数值　　D. 布尔

10. 要检测值是否为 NaN,应使用(　　)函数。

A. Number　　B. parseInt　　C. IsNaN　　D. isNaN

11. 为获取页面中多个同名对象,应使用 document 的(　　)方法。

A. getElementById()　　B. getElementsByName()　　C. getElementsByTagName()

四、程序阅读题

1. 分析代码,得出正确的结果。

```
var a=10,b=20,c=30;++a;
a++;
e=++a+(++b)+(c++)+a++;alert(e);
```

2. 阅读以下代码,请分析出结果。

```
var arr=new Array(1,3,5);arr[4]='z';
arr2=arr.reverse();arr3=arr.concat(arr2);alert(arr3);
```

3. 阅读以下代码,请分析出结果。

```
alert(Math.max(1,3,4,'10'));alert(Math.max(1,3,4,'10abc'));
alert(Math.max(1,3,4,NaN));alert(Math.max(1,3,4,undefined));
```

4. 以下代码执行的结果是什么?

```
var total=16.5;
var number=sum(5.50,5.01,5.99);alert(total);
function sum(n1,n2,n3){
total=Math.round(n1)+Math.ceil(n2)+Math.floor(n3);return total;}
```

5. 以下代码运行后,结果是什么?

```
var filepath='D:\abc.doc';
var extension=filepath.substr(filepath.lastIndexOf('.'));alert(extension);
```

6. 以下代码执行的结果是多少?请分析为什么。

```
var total=10;
var number=square(5);alert(total);
function square(n){ total=n * n;return total;}
```

7. 以下程序运行后,弹出的值是多少?

```
var a=10;
function fun(a){    a=5;  }
fun(a);    alert(a);
```

8. 分析以下代码,写出结果。

var a="15.15abc",b='10.15',c='10.0abc';alert(parseInt(a)+Number(b)+parseFloat(c));

工程现场

【案例背景】

如何解决开发过程中遇到的内存泄漏情况?

【问题描述】

JavaScript 开发过程中经常会遇到内存泄漏的情况,内存泄漏是指一块被分配的内存既不能使用,又不能回收,直到浏览器进程结束。

C#和 Java 等语言采用了自动垃圾回收方法管理内存,几乎不会发生内存泄漏。浏览器中也是采用自动垃圾回收方法管理内存,但由于浏览器垃圾回收方法有 bug,会产生内存泄漏。

【分析与对策】

引起内存泄露的原因分析如下:

原因一:当页面中元素被移除或替换时,若元素绑定的事件仍没被移除,在 IE 中不会作出恰当处理,会出现内存泄漏。

原因二:当在一个函数内部定义另一个函数,且内部函数在其定义的外部函数执行完毕后仍被外部引用时,就形成了闭包。闭包可以维持函数内局部变量,使其得不到释放。

【处理结果】

原因一的解决方法:当页面中元素被移除或替换时,先手工移除事件。

存在内存泄漏的代码如下:

```
<div id="myDiv">
     <input type="button" value="Click me" id="myBtn">
</div>
<script type="text/javascript">
     var btn=document.getElementById("myBtn");
     btn.onclick=function(){
          document.getElementById("myDiv").innerHTML="Processing...";
     }
</script>
```

添加手工移除事件后的代码如下:

```
<div id="myDiv">
     <input type="button" value="Click me" id="myBtn">
</div>
<script type="text/javascript">
     var btn=document.getElementById("myBtn");
     btn.onclick=function(){
          btn.onclick=null;
document.getElementById("myDiv").innerHTML="Processing...";
```

```
    }
</script>
```

原因二解决方法：当在函数内定义函数时，先手工释放内存。

存在内存泄漏的代码如下：

```
function bindEvent(){
     var obj=document.createElement("XXX");
     obj.onclick=function(){
          //Even if it'sa empty function     }
}
```

添加手工移除事件后的代码如下：

```
function bindEvent(){
     var obj=document.createElement("XXX");
     obj.onclick=function(){
          //Even if it'sa empty function     }
    obj=null;
}
```

【总结提炼】

在 JavaScript 开发过程中，为页面元素分配内存后，当元素或函数内变量不再需要内存时，应当及时手动释放内存。

拓展篇

Web 开发框架

引言

2005 年，**John Resig** 开发出第一版的 **jQuery**，并于 **2006** 年在一次名为 **BarCampNYC** 的活动中发布。他曾在最早的 **jQuery** 网站上写到：

jQuery 是一个 JavaScript 库，它永远铭记自己的使命：编写 JavaScript 代码是一件有趣的事情。为了实现这个目标，jQuery 剥离了所有不必要的标记，通过简化、聪明且易于理解的方式来执行常见的重复性任务。

后来，开发人员在 **jQuery** 的帮助下，可以更容易地采用更复杂的技术，比如动画和 **Ajax**。逐渐地，**jQuery** 成为了各个网站的标准依赖。时至今日，互联网的很大一部分依然构建在 **jQuery** 上。根据 **W3Techs** 的统计数据，大约有 **74%** 的网站仍在使用 **jQuery**。

jQuery 的管理工作也越来越成熟。**2011** 年，**jQuery** 团队正式创建了 **jQuery** 委员会。**2012** 年，**jQuery** 委员会成立了 **jQuery** 基金会。**2015** 年，**jQuery** 基金会与 **Dojo** 基金会合并，组建了 **JS** 基金会。后来，**2019** 年又与 **Node.js** 基金会合并，组建了 **OpenJS** 基金会——**jQuery** 是其"最具影响力的项目"之一。

学习目标

- 掌握 **Bootstrap** 框架样式、布局、插件的基本使用。
- 掌握 **jQuery** 选择器的使用、**jQuery** 的事件调用以及 **jQuery** 操作 **HTML** 的方法。
- 掌握 **Highcharts** 图表库、**ECharts** 图表库的使用。
- 具备 **Web** 前端页面开发的基本能力。

知识体系

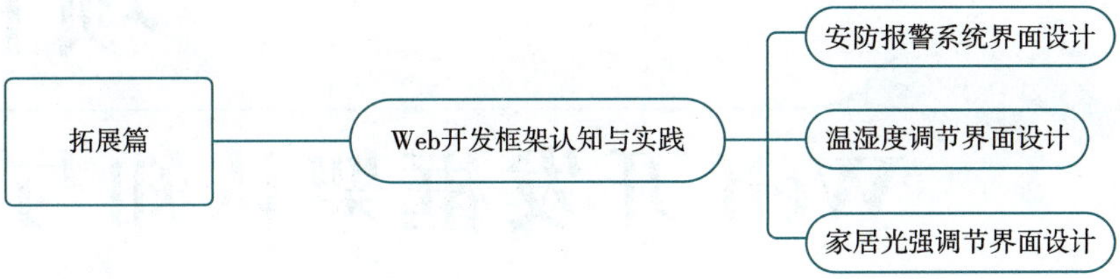

项目五

Web 开发框架认知与实践

任务一　安防报警系统界面设计

任务描述

学习 Web 开发框架概念、Web 开发框架分类、Bootstrap 开发框架、Bootstrap 组件、Bootstrap CSS 使用等知识内容，并完成安防报警系统界面的设计与代码编写。

任务目标

- 了解常用前端 Web 框架。
- 了解 Bootstrap 开发框架、组件。
- 掌握 Bootstrap 环境安装、CDN 设置。
- 掌握 Bootstrap 框架样式的基本使用。

任务实施

本任务将要学习的“安防报警系统”界面样式如图 5-1 所示。

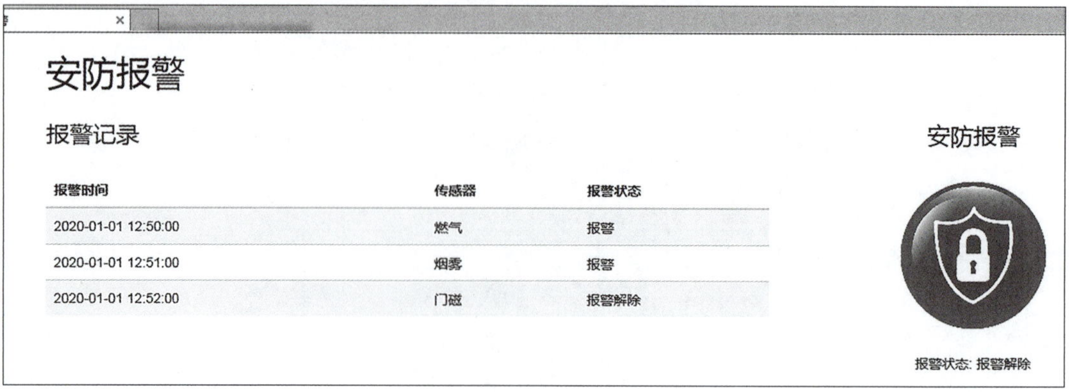

图 5-1　界面样式

界面中设计的各项内容如下：

- 引入 bootstrap。
- 添加网格行。右侧 4 列为安防报警状态界面，左侧 8 列为报警记录界面。
- 安防报警状态界面包括标题、图片、报警状态。
- 报警记录界面采用表格形式，内容包括报警时间、传感器、报警状态。

一、Web 开发框架

Web（Web application framework）用来支持动态网站、网络应用程序及网络服务的开发，它有助于减轻网页开发时共通性活动的工作负荷，例如许多框架提供数据库访问接口、标准样板以及会话管理等，可提升代码的可再用性。

Web 开发框架可以分为基于请求的（request-based）和基于组件的（component-based）两大类。前者的代表有 Struts 和 Spring MVC 等，后者的主要成员则有 JSF、Tapestry 等。

（一）常用 Web 前端开发框架

目前常用前端框架有 Bootstrap、ExtJS、Easyui、MiniUI 和 jQuery UI 等。

1. Bootstrap

Bootstrap 是目前应用非常广泛的一款前端开发框架，用于快速构建响应式、移动优先的网页和 Web 应用。它由 Twitter 团队开发并维护（现由社区主导），提供了很多流行的样式简洁的 UI 组件，栅格系统以及一些常用的 JavaScript 插件。

2. ExtJS

ExtJS 是一款功能丰富的前端 Ajax 框架，主要用于创建前端用户界面。无论是界面之美，还是功能之强，ExtJS 的表格控件都高居榜首。

华丽的界面，灵活的功能，还有开发工具都是配套的，唯一不足是使用者需要支付费用。

3. Easyui

Easyui 是一套基于 jQuery 的插件而开发出来的轻量级的 UI 框架。它非常小巧而且功能丰富，帮助开发者构建 Web 应用更加容易。

但是 Easyui 的代码只能找到以前的开源的版本，1.2 以后的版本源代码都是经过混淆的，如果遇到问题修改起来会非常麻烦。

4. MiniUI

MiniUI 一款基于 jQuery 的付费框架，开发的界面功能非常丰富，用于快速开发 WebUI。

MiniUI 能缩短开发时间，减少代码量，使开发者更专注于业务和服务端，轻松实现界面开发，带来绝佳的用户体验。

开发者可以利用 MiniUI 快速创建 Ajax 无刷新、B/S 快速录入数据、CRUD、Master-Detail、菜单工具栏、弹出面板、布局导航、数据验证、分页表格、树、树形表格等典型 Web 应用系统界面。

5. jQuery UI

jQuery UI 是一套 jQuery 的页面 UI 插件，包含很多种常用的页面空间，例如 Tabs、拉帘效果、对话框、拖放效果、日期选择、颜色选择、数据排序、窗体大小调整等等非常多的内容。

功能非常全面，界面也挺漂亮的，可以整体使用，也可以分开使用其中的几个模块，免费开源！

二、Bootstrap 简介

Bootstrap 于 2011 年 8 月在 GitHub 上发布，它由 Twitter 的 Mark Otto 和 Jacob Thornton 开发，

是一款基于 HTML、CSS、JavaScrip 的前端框架，用于快速开发 Web 应用程序和网站。

(一) Bootstrap 的优势

(1) 移动设备优先：自 Bootstrap 3 起，框架包含了贯穿于整个库的移动设备优先的样式。

(2) 浏览器支持：所有的主流浏览器都支持 Bootstrap。

(3) 容易上手：只要具备 HTML 和 CSS 的基础知识，就可以开始学习 Bootstrap。

(4) 响应式设计：Bootstrap 的响应式 CSS 能够自适应于台式机、平板电脑和手机。

(5) 为开发人员创建接口提供了简洁统一的解决方案。

(6) Bootstrap 包含了功能强大的内置组件，易于定制。

(7) Bootstrap 提供了基于 Web 的定制。

(8) Bootstrap 是开源的。

(二) Bootstrap 包的内容

(1) 基本结构：Bootstrap 提供了一个带有网格系统、链接样式、背景的基本结构。

(2) CSS：Bootstrap 自带全局的 CSS 设置、定义基本的 HTML 元素样式、可扩展的 class，以及一个先进的网格系统等特性。

(3) 组件：Bootstrap 包含了十几个可重用的组件，用于创建图像、下拉菜单、导航、警告框、弹出框等。

(4) JavaScript 插件：Bootstrap 包含了十几个自定义的 jQuery 插件。读者可以直接包含所有的插件，也可以逐个包含这些插件。

(5) 定制：读者可以定制 Bootstrap 的组件、LESS 变量和 jQuery 插件来得到属于自己的版本。

Bootstrap 的示例代码如下：

```
<div class="container">
    <div class="jumbotron">
        <h1>我的第一个 Bootstrap 页面</h1>
        <p>重置窗口大小，查看响应式效果！</p>
    </div>
                    <div class="row">
        <div class="col-sm-4">
            <h3>Column 1</h3>
            <p>学的不仅是技术，更是梦想！</p>
            <p>不懈地坚持，成就伟大的梦想！</p>
        </div>
        <div class="col-sm-4">
            <h3>Column 2</h3>
                            <p>学的不仅是技术，更是梦想！</p>
            <p>不懈地坚持，成就伟大的梦想！</p>
        </div>
        <div class="col-sm-4">
            <h3>Column 3</h3>
            <p>学的不仅是技术，更是梦想！</p>
            <p>不懈地坚持，成就伟大的梦想！</p>
        </div>
    </div>
</div>
```

以上示例代码的运行效果如图 5-2 所示。

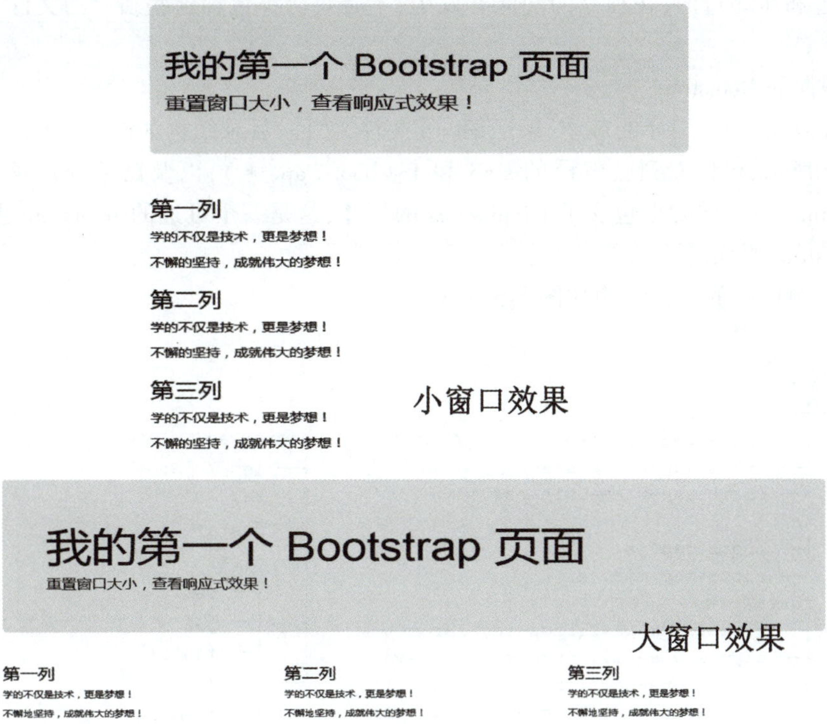

图 5-2　Bootstrap 示例大小窗口响应式效果

三、Bootstrap 环境安装

Bootstrap 可以通过从官网下载和使用 Bootstrap5 CDN 两种方式来完成环境安装。

(一)从官网下载安装文件

1. Bootstrap 下载

读者可以从 http://getbootstrap.com/上下载 Bootstrap 的最新版本，如图 5-3 所示。

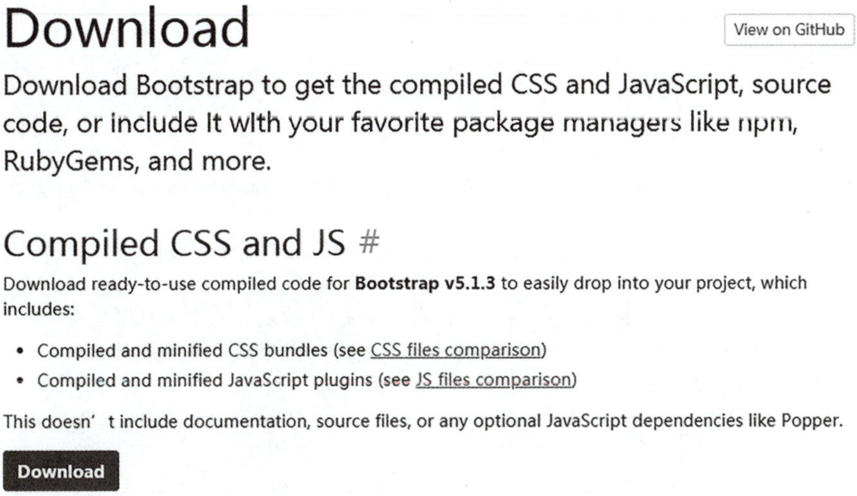

图 5-3　Bootstrap 最新版本下载

为了更好地了解和更方便的使用,我们将在本书中使用 Bootstrap 的预编译版本。由于文件是被编译过和压缩过的,在独立的功能开发中,不必每次都包含这些独立的文件。

2. 文件结构

(1)预编译的 Bootstrap

下载 Bootstrap 的已编译的版本,解压缩 zip 文件,文件/目录结构如图 5-4 所示。

如图 5-4 所示,可以看到已编译的 CSS 和 JS(bootstrap. *),以及已编译压缩的 CSS 和 JS(bootstrap. min. *)。同时也包含了 Glyphicons 的字体,这是一个可选的 Bootstrap 主题。

(2)Bootstrap 源代码

Bootstrap 源代码的文件结构如图 5-5 所示。

```
bootstrap/
├── css/
│   ├── bootstrap.css
│   ├── bootstrap.min.css
│   ├── bootstrap-theme.css
│   └── bootstrap-theme.min.css
├── js/
│   ├── bootstrap.js
│   └── bootstrap.min.js
└── fonts/
    ├── glyphicons-halflings-regular.eot
    ├── glyphicons-halflings-regular.svg
    ├── glyphicons-halflings-regular.ttf
    └── glyphicons-halflings-regular.woff
```

图 5-4 预编译的 Bootstrap 文件/目录结构

```
bootstrap/
├── less/
├── js/
├── fonts/
├── dist/
│   ├── css/
│   ├── js/
│   └── fonts/
└── docs/
    └── examples/
```

图 5-5 Bootstrap 源代码的文件结构

我们来简单了解一下 Bootstrap 源代码的文件结构,具体如下:

- less/、js/和 fonts/下的文件分别是 Bootstrap CSS、JavaScript 和图标字体的源代码。
- dist/文件夹包含了上面预编译下载部分中所列的文件和文件夹。
- docs-assets/、examples/和所有的 * . html 文件是 Bootstrap 文档。

3. 使用 Bootstrap 的基本 HTML 模板

一个使用了 Bootstrap 的基本 HTML 模板如下:

```
<!DOCTYPE html>
<html>
    <head>
        <title>Bootstrap 模板</title>
        <meta name="viewport" content="width=device-width,initial-scale=1.0">
        <!--引入 Bootstrap-->
        <link href="https://maxcdn.bootstrapcdn.com/bootstrap/3.3.7/css/bootstrap.
min.css"rel="stylesheet">
        <!--HTML5 Shiv 和 Respond.js 用于让 IE8 支持 HTML5 元素和媒体查询-->
        <!--注意:如果通过 file://引入 Respond.js 文件,则该文件无法起效果-->
        <!--[if lt IE 9]>
            <script src="https://oss.maxcdn.com/libs/html5shiv/3.7.0/html5shiv.
js"></script>
            <script src="https://oss.maxcdn.com/libs/respond.js/1.3.0/respond.min.
js"></script>
```

```
        <![endif]-->
    </head>
    <body>
        <h1>Hello,world! </h1>
        <!--jQuery(Bootstrap 的 JavaScript 插件需要引入 jQuery)-->
        <script src="https://code.jquery.com/jquery.js"></script>
        <!--包括所有已编译的插件-->
        <script src="js/bootstrap.min.js"></script>
    </body>
</html>
```

在以上代码中,我们可以看到包含了 jquery. js、bootstrap. min. js 和 bootstrap. min. css 文件,正是它们让一个常规的 HTML 文件变为使用了 Bootstrap 的模板。

(二)使用 Bootstrap 5 CDN

由于直接从国外的 CDN 服务上加载库可能会遇到访问速度慢或访问受限的问题,因此国内推荐使用 Staticfile CDN 上的库,使用 Staticfile CDN 的基本 HTML 模板如下:

```
    <!--新 Bootstrap5 核心 CSS 文件-->
    <linkrel = " stylesheet " href = " https://cdn.staticfile.org/twitter-bootstrap/
5.1.1/css/bootstrap.min.css">
      <!--  popper.min.js 用于弹窗、提示、下拉菜单-->
    <script src = "https://cdn.staticfile.org/popper.js/2.9.3/umd/popper.min.js" >
</script>
    <!--最新的 Bootstrap5 核心 JavaScript 文件-->
    <script src = "https://cdn.staticfile.org/twitter-bootstrap/5.1.1/js/bootstrap.
min.js"></script>
```

其中,bootstrap. bundle. js(未压缩版)或 bootstrap. bundle. min. js(压缩版)包含了捆绑的插件(如 popper. min. js 及其他依赖脚本),使用时也可以只引入 bootstrap. bundle. min. css 和 bootstrap. bundle. min. js,省略 popper. min. js。

四、Bootstrap CSS 的使用

(一)添加 HTML 5 文档(Doctype)

Bootstrap 使用了一些 HTML5 元素和 CSS 属性,需要使用 HTML5 文档类型(Doctype)。因此,在使用 Bootstrap 项目的开头包含下面的代码段:

```
    <!DOCTYPE html>
    <html>
    ....
    </html>
```

如果在 Bootstrap 创建的网页开头不使用 HTML5 的文档类型(Doctype),可能会面临浏览器显示不一致,或者特定情境下的不一致,以至于代码不能通过 W3C 标准的验证。

(二)移动设备优先

为了让 Bootstrap 开发的网站对移动设备友好,确保适当的绘制和触屏缩放,需要在网页的 head 之中添加 viewport meta 标签,如下:

```
    <meta name="viewport" content="width=device-width,initial-scale=1.0">
```

width 属性用于控制设备的宽度。如果网站将有不同屏幕分辨率的设备浏览，那么将它设置为 device-width 可以确保它能正确呈现在不同设备上。

initial-scale=1.0 确保网页加载时以 1∶1 的比例呈现，不会有任何的缩放。

移动设备浏览器上，为 viewport meta 标签添加 user-scalable=no 可以禁用缩放(zooming)功能。

通常 maximum-scale=1.0 与 user-scalable=no 一起使用，禁用缩放功能后，用户只能滚动屏幕。示例代码如下：

```
<meta name="viewport" content="width=device-width,
                               initial-scale=1.0,
                               maximum-scale=1.0,
                               user-scalable=no">
```

(三)Bootstrap 5 图像

1. 响应式图像

图像有各种各样的尺寸，需要根据屏幕的大小自动适应。可以通过在<img>标签中添加 .img-fluid 类来设置响应式图片。

.img-fluid 类应用了 max-width:100%、height:auto 等属性，这样图片能随父容器缩放，保持响应式，示例代码如下：

```
<img class="img-fluid" src="img_chania.jpg" alt="Chania">
```

2. 圆角图片

.rounded 类可以让图片显示圆角效果，示例代码如下：

```
<img src="cinqueterre.jpg" class="rounded" alt="Cinque Terre">
```

3. 椭圆图片

.rounded-circle 类可以设置椭圆形图片，示例代码如下：

```
<img src="cinqueterre.jpg" class="rounded-circle" alt="Cinque Terre">
```

4. 缩略图

.img-thumbnail 类用于设置图片缩略图(图片有边框)，示例代码如下：

```
<img src="cinqueterre.jpg" class="img-thumbnail" alt="Cinque Terre">
```

5. 图片对齐

使用 .float-star 类来设置图片左对齐，使用 .float-end 类设置图片右对齐，使用 .mx-auto (margin:auto)和 .d-block(display:block)类来设置图片居中、对齐，示例代码如下：

```
<img src="paris.jpg" class="float-start">
<img src="cinqueterre.jpg" class="float-end">
<img src="paris.jpg" class="mx-auto d-block">
```

(四)容器(Container)

Bootstrap 5 需要一个容器元素来包裹网站的内容。具体实践中可使用以下两个容器类：

- .container 类用于固定宽度并支持响应式布局的容器。
- .container-fluid 类用于 100% 宽度、占据全部视口(viewport)的容器。

两个容器类布局效果如图 5-6 所示。

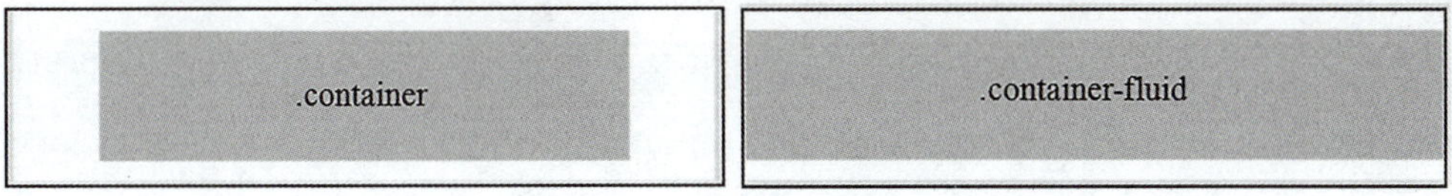

图 5-6 Bootstrap 容器类布局效果

1. 固定宽度

. container 类用于创建固定宽度的响应式页面。需要注意的是，宽度（max-width）会根据屏幕宽度同比例放大或缩小，具体如表 5-1 所示。

表 5-1 max-width 根据屏幕宽度同比例放大或缩小参数表

	超级小屏幕 <576px	小屏幕 ≥576px	中等屏幕 ≥768px	大屏幕 ≥992px	特大屏幕 ≥1 200px	超级大屏幕 ≥1 400px
max-width	100%	540px	720px	960px	1 140px	1 320px

Bootstrap5. container 使用方式如下：

```
<div class="container">
  ...
</div>
```

2. 100% 宽度

. container-fluid 类用于创建全屏幕尺寸的容器，容器始终跨越整个屏幕宽度（width 始终为 100%）。

Bootstrap5. container-fluid 使用方式如下：

```
<div class="container-fluid">
  ...
</div>
```

3. 响应式容器

. container-sm、. container-md、. container-lg、. container-xl 类来创建响应式容器。容器的 max-width 属性值会根据屏幕的大小来改变，具体如表 5-2 所示。

表 5-2 响应式容器 max-width 根据屏幕宽度改变参数表

Class	超小屏幕 <576px	小屏幕 ≥576px	中等屏幕 ≥768px	大屏幕 ≥992px	特大屏幕 ≥1 200px	超级大屏幕 ≥1 400px
. container-sm	100%	540px	720px	960px	1 140px	1 320px
. container-md	100%	100%	720px	960px	1 140px	1 320px
. container-lg	100%	100%	100%	960px	1 140px	1 320px
. container-xl	100%	100%	100%	100%	1 140px	1 320px
. container-xxl	100%	100%	100%	100%	100%	1 320px

Bootstrap5 创建响应式容器的使用方式如下：

```
<div class="container-sm">.container-sm</div>
<div class="container-md">.container-md</div>
<div class="container-lg">.container-lg</div>
<div class="container-xl">.container-xl</div>
<div class="container-xxl">.container-xxl</div>
```

4. 容器内边距

默认情况下,容器都会填充左右内边距,顶部和底部则不会填充内边距。Bootstrap 提供了一些间距类用于填充边距。比如 .pt-5 类就用于填充顶部内边距,示例代码如下:

```
<div class="container pt-5">
  ...
</div>
```

5. 容器的边框和颜色

Bootstrap 提供了边框(border)和颜色(bg-dark、bg-primary 等)类用于设置容器的样式。示例代码如下:

```
<div class="container p-5 my-5 border"></div>
<div class="container p-5 my-5bg-dark text-white"></div>
<div class="container p-5 my-5bg-primary text-white"></div>
```

(五)网格系统

Bootstrap 提供了一套响应式、移动设备优先的流式网格系统,随着屏幕或视口尺寸的增加,系统会自动分为最多 12 列。Bootstrap5 的网格系统是响应式的,列会根据屏幕大小自动重新排列。

1. Bootstrap 5 网格系统分类

Bootstrap 5 网格系统有以下六类:

- .col:针对所有设备。
- .col-sm:平板,屏幕宽度等于或大于 576px。
- .col-md:桌面显示器,屏幕宽度等于或大于 768px。
- .col-lg:大桌面显示器,屏幕宽度等于或大于 992px。
- .col-xl:特大桌面显示器,屏幕宽度等于或大于 1200px。
- .col-xxl:超大桌面显示器,屏幕宽度等于或大于 1400px。

Bootstrap 5 和 Bootstrap 4 使用 flexbox(弹性盒子)而不是浮动。flexbox 的优势是没有指定宽度的网格列将自动设置为等宽与等高列。

2. Bootstrap 5 网格基本结构

(1)在不同设备上设置列宽度,示例代码如下:

```
<!--控制列的宽度及在不同的设备上如何显示-->
<div class="row">
   <div class="col-* -* "></div>
</div>
<div class="row">
   <div class="col-* -* "></div>
   <div class="col-* -* "></div>
   <div class="col-* -* "></div>
</div>
```

示例代码中首先创建一行(<div class="row">),然后添加需要的列(.col-*-*类中设置)。第一个星号(*)表示响应设备 sm、md、lg 或 xl,第二个星号表示一个数字,同一行数字相加为 12。

(2)Bootstrap 自动处理布局,示例代码如下:

```
<!-- Bootstrap 自动处理布局-->
<div class="row">
  <div class="col"></div>
  <div class="col"></div>
  <div class="col"></div>
</div>
```

示例代码中,不在每个 col 上添加数字,让 bootstrap 自动处理布局。同一行每个列宽度相等,两个 col",每个就为 50% 的宽度。三个"col"每个就为 33.33% 的宽度,四个"col"每个就为 25% 的宽度。

(六)避免跨浏览器的不一致

Bootstrap 使用 Normalize 来建立跨浏览器的一致性。Normalize.css 是一个很小的 CSS 文件,在 HTML 元素默认样式中具有更好的跨浏览器一致性。

(七)Bootstrap 浏览器/设备支持

Bootstrap 可以在最新的桌面系统和移动端浏览器中很好的工作,旧的浏览器可能无法很好地支持。表 5-3 为 Bootstrap 支持的浏览器和平台

表 5-3 Bootstrap 支持的浏览器和平台

	Chrome	Firefox	IE	Opera	Safari
Android	YES	YES	不适用	不适用	不适用
iOS	YES	不适用	不适用	不适用	YES
Mac OS X	YES	YES	不适用	YES	YES
Windows	YES	YES	YES *	YES	不适用

注:Bootstrap 支持 Internet Explorer 8 及更高版本的 IE 浏览器。

五、安防报警系统界面制作

(一)Bootstrap 环境创建

1. 下载 Bootstrap

从 http://getbootstrap.com/上下载 Bootstrap 最新版本的安装软件压缩包,如图 5-7 所示。

图 5-7 Bootstrap 官方主页

单击 Download 按钮，进入下载页面，如图 5-8 所示。

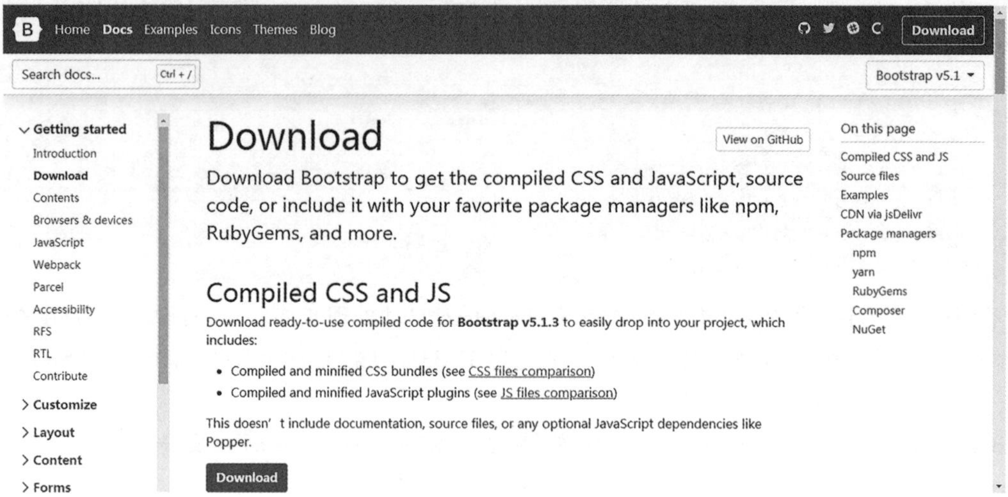

图 5-8　Bootstrap 下载页面

在这里，我们下载 Compiled CSS and JS 预编译的版本，如图 5-9 所示。

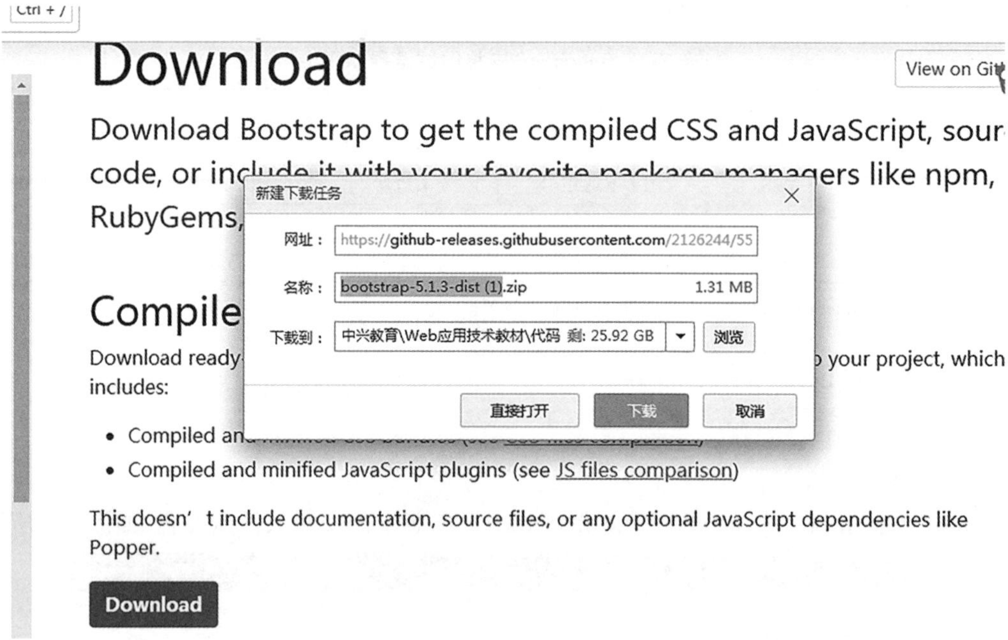

图 5-9　下载 Bootstrap 预编译版本

下载完毕后，解压缩 ZIP 文件，可得到图 5-10 所示的文件内容。

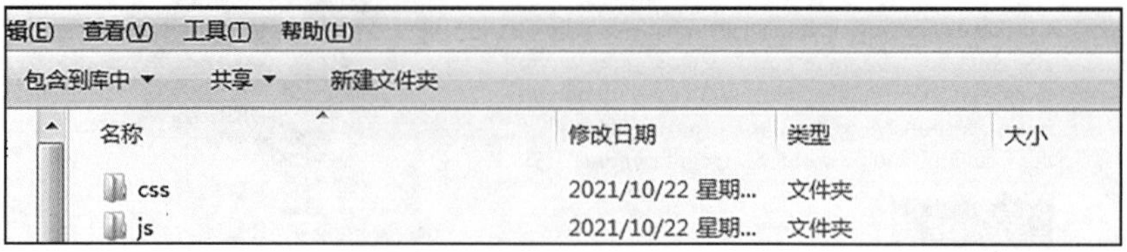

图 5-10　bootstrap-5.1.3-dist 文件

2. 创建 img 文件夹

在 bootstrap-5.1.3-dist 文件目录下创建 img 文件夹，如图 5-11 所示。

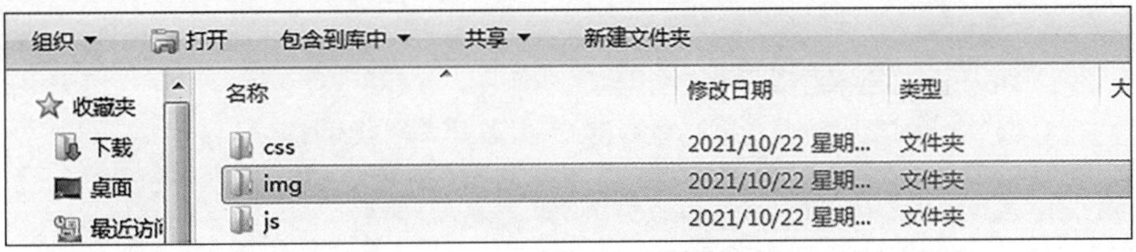

图 5-11 创建 img 文件夹

3. 创建 HTML 模板

在 bootstrap-5.1.3-dist 文件目录下创建 HTML 模板 .html 文件，如图 5-12 所示。

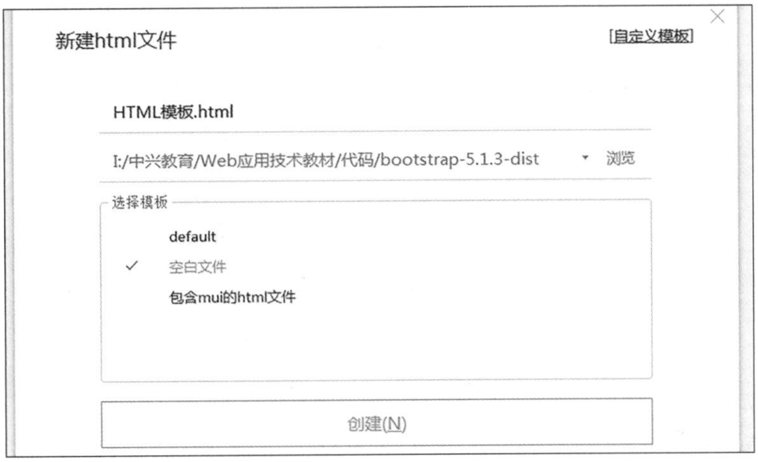

图 5-12 创建 HTML 模板 .html 文件

在 HTML 模板 .html 文件中添加如下代码：

```
<!DOCTYPE html>
<html>
    <head>
        <title>Bootstrap 模板</title>
        <meta name="viewport" content="width=device-width,initial-scale=1.0">
        <!--引入 Bootstrap-->
        <link rel="stylesheet" href="https://cdn.staticfile.org/twitter-bootstrap/
3.3.7/css/bootstrap.min.css">
        <script src="https://cdn.staticfile.org/jquery/2.1.1/jquery.min.js">
</script>
        <script src="https://cdn.staticfile.org/twitter-bootstrap/3.3.7/js/
bootstrap.min.js">
    </script>
        <!--HTML5 Shiv 和 Respond.js 用于让 IE8 支持 HTML5 元素和媒体查询-->
        <!--[if lt IE 9]>
            <script src="https://oss.maxcdn.com/libs/html5shiv/3.7.0/html5shiv.
js"></script>
            <script src="https://oss.maxcdn.com/libs/respond.js/1.3.0/respond.min.
js">
```

```
</script>
        <![endif]-->
    </head>
    <body>
        <h1>Hello,world! </h1>
         <!--jQuery(Bootstrap 的 JavaScript 插件需要引入 jQuery)-->
        <script src="https://code.jquery.com/jquery.js"></script>
        <!--包括所有已编译的插件-->
        <script src="js/bootstrap.min.js"></script>
    </body>
</html>
```

HTML 模板.html 文件代码添加完毕,如图 5-13 所示。

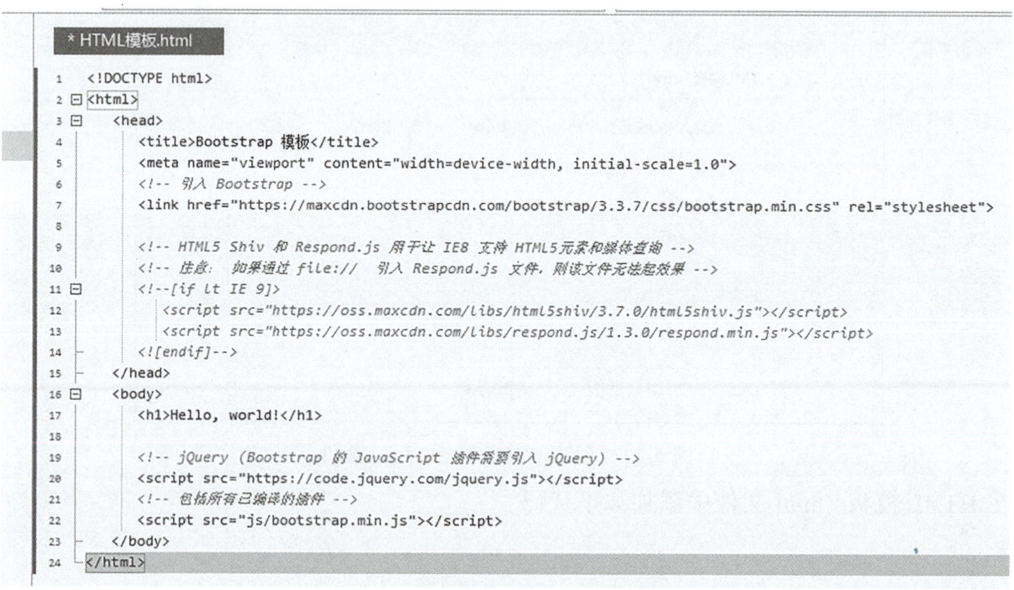

```
* HTML模板.html
<!DOCTYPE html>
<html>
    <head>
        <title>Bootstrap 模板</title>
        <meta name="viewport" content="width=device-width, initial-scale=1.0">
        <!-- 引入 Bootstrap -->
        <link href="https://maxcdn.bootstrapcdn.com/bootstrap/3.3.7/css/bootstrap.min.css" rel="stylesheet">

        <!-- HTML5 Shiv 和 Respond.js 用于让 IE8 支持 HTML5元素和媒体查询 -->
        <!-- 注意:  如果通过 file://  引入 Respond.js 文件, 则该文件无法起效果 -->
        <!--[if lt IE 9]>
            <script src="https://oss.maxcdn.com/libs/html5shiv/3.7.0/html5shiv.js"></script>
            <script src="https://oss.maxcdn.com/libs/respond.js/1.3.0/respond.min.js"></script>
        <![endif]-->
    </head>
    <body>
        <h1>Hello, world!</h1>

        <!-- jQuery (Bootstrap 的 JavaScript 插件需要引入 jQuery) -->
        <script src="https://code.jquery.com/jquery.js"></script>
        <!-- 包括所有已编译的插件 -->
        <script src="js/bootstrap.min.js"></script>
    </body>
</html>
```

图 5-13 HTML 模板代码

(二)创建安防报警系统界面

新建“安防报警系统界面”项目,并新建“安防报警系统界面 . html”。

打开“bootstrap-5. 1. 3-dist”项目中的“HTML 模板 . html”文件,复制模板代码,粘贴代码到“安防报警系统界面”文件中,如图 5-14 所示。

(三)添加安防报警系统界面页面内容

1. 修改 head 中标题

打开“安防报警系统界面 . html”文件,在 head 部分将文档标题修改为“安防报警系统”。

在 head 中添加标题代码,如图 5-15 所示。

2. 添加 body 中安防报警系统页面内容

(1)删除 body 中原有内容,在 body 中添加 container。

(2)在 container 中添加一级标题“安防报警”、Bootstrap 网格行(创建页面布局)、网格列(列宽为 8 个网格,并左移 4 个网格),其中在创建的网格列中插入三级标题“报警记录”和条纹表格;

在 body 中添加安防报警系统页面内容代码如图 5-16 所示。

* 安防报警系统界面.html

```
<!DOCTYPE html>
<html>
    <head>
        <title>Bootstrap 模板</title>
        <meta name="viewport" content="width=device-width, initial-scale=1.0">
        <!-- 引入 Bootstrap -->
        <link href="https://maxcdn.bootstrapcdn.com/bootstrap/3.3.7/css/bootstrap.min.css" rel="stylesheet">

        <!-- HTML5 Shiv 和 Respond.js 用于让 IE8 支持 HTML5元素和媒体查询 -->
        <!-- 注意： 如果通过 file://  引入 Respond.js 文件，则该文件无法起效果 -->
        <!--[if lt IE 9]>
            <script src="https://oss.maxcdn.com/libs/html5shiv/3.7.0/html5shiv.js"></script>
            <script src="https://oss.maxcdn.com/libs/respond.js/1.3.0/respond.min.js"></script>
        <![endif]-->
    </head>
    <body>
        <h1>Hello, world!</h1>

        <!-- jQuery (Bootstrap 的 JavaScript 插件需要引入 jQuery) -->
        <script src="https://code.jquery.com/jquery.js"></script>
        <!-- 包括所有已编译的插件 -->
        <script src="js/bootstrap.min.js"></script>
    </body>
</html>
```

图 5-14　安防报警系统页面

安防报警系统界面
- css
- img
- js
- 安防报警系统界面.html

安防报警系统界面.html ×

```
<!DOCTYPE html>
<html>
    <head>
        <meta charset="UTF-8">
        <title>安防报警</title>
        <link rel="stylesheet" href="https://staticfile.org/twitter-bootstrap/3.3.7/css/bootstrap.min.css">
        <script src="https://cdn.staticfile.org/jquery/2.1.1/jquery.min.js"></script>
        <script src="https://cdn.staticfile.org/twitter-bootstrap/3.3.7/js/bootstrap.min.js"></script>
    </head>
```

图 5-15　添加标题代码

安防报警系统界面.html　　HTML模板.html

```
<!DOCTYPE html>
<html>
<head>
    <meta charset="UTF-8">
    <title>安防报警</title>
    <link rel="stylesheet" href="https://cdn.staticfile.org/twitter-bootstrap/3.3.7/css/bootstrap.min.css">
    <script src="https://cdn.staticfile.org/jquery/2.1.1/jquery.min.js"></script>
    <script src="https://cdn.staticfile.org/twitter-bootstrap/3.3.7/js/bootstrap.min.js"></script>
</head>
<body>

<div class="container">

    <h1>安防报警</h1>

    <div class="row">

        <div class="col-md-4 col-md-push-8">
            <div style="text-align: center;">
                <h3>安防报警</h3>
                <img src="img/anfang.png" class="img-rounded" height="200" width="200">
                <p>报警状态: <storage>报警解除</storage></p>
```

图 5-16　页面内容代码

(四)运行效果展示

HTML 页面及 JavaScript 代码编写完成后,可通过浏览器查看页面,正常比例页面的运行效果如图 5-17 所示。

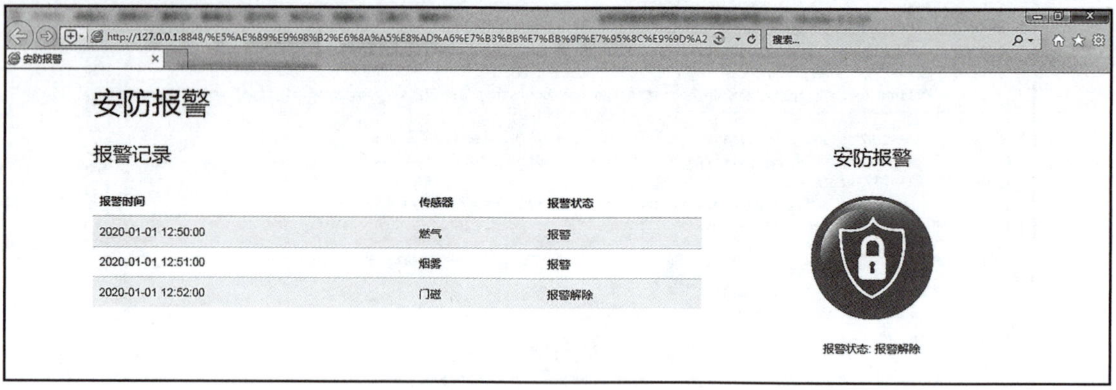

图 5-17　正常比例页面运行效果

页面缩小后的运行效果如图 5-18 所示。

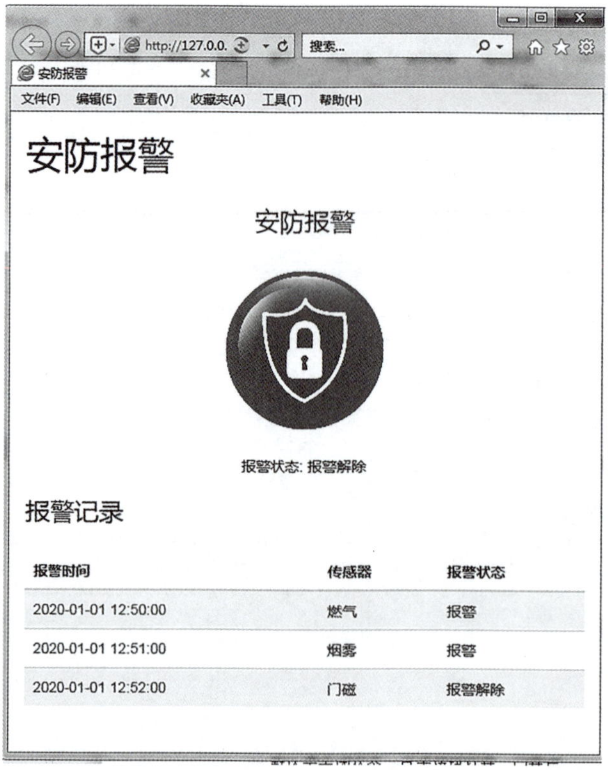

图 5-18　页面缩小后运行效果

任务小结

通过本任务的学习,读者可以掌握 Bootstrap 的基本使用、Bootstrap 样式的使用以及 Bootstrap CDN 方式的引用。

任务二　温湿度调节界面设计

任务描述

学习 Bootstrap 布局、Bootstrap 插件的使用等知识内容，完成温湿度调节界面程序设计与程序编写。

任务目标

- 掌握 Bootstrap 布局使用。
- 掌握 Bootstrap 插件的基本使用。

任务实施

本任务将要学习的“温湿度调节界面”样式如图 5-19 所示。

图 5-19　界面样式

界面样式中设计的各项内容如下：

- 在 head 中设置导航栏样式，包括设置选项卡、选项样式、首末选项特殊连接样式、激活连接样式、鼠标滑过连接样式、锁定导航栏位置等内容。
- 添加滚动监听，根据滚动条位置更新导航目标。
- 使用 Jumbotron 添加一级标题“温湿度调节”，使用超大屏幕大标题。
- 添加 Bootstrap 网格行，左侧 3 列创建导航栏，右侧 9 列添加页面内容，上半部分为温度调节界面下半部分为湿度调节界面。
- 温度调节界面，包括标题、图片、温度数据列表。
- 湿度调节界面，包括标题、图片、湿度数据列表。

一、Bootstrap 的布局

(一) Bootstrap 下拉菜单

Bootstrap 下拉菜单是一种在网页设计中常用的组件,允许用户通过点击或悬停来显示和选择预定义的选项列表。

1. 下拉菜单的基本操作

(1)指定下拉菜单

. dropdown 类用来指定一个下拉菜单。具体操作为在 class. dropdown 类内添加上下拉菜单即可,示例代码如下:

```
<div class="dropdown">
  <button type="button" class="btn btn-primary dropdown-toggle" data-bs-toggle=
"dropdown">
    下拉菜单按钮
  </button>
  <div class="dropdown-menu">
    <a class="dropdown-item"href="#">链接 1</a>
    <a class="dropdown-item"href="#">链接 2</a>
    <a class="dropdown-item"href="#">链接 3</a>
  </div>
</div>
```

(2)使用按钮打开下拉菜单

可以使用一个按钮或链接来打开下拉菜单,按钮或链接需要添加 . dropdown-toggle 和 data-toggle=" dropdown" 属性。

. dropdown-toggle 属性用于设置下拉菜单三角图标。添加 . dropdown-toggle 属性后下拉菜单的样式和未添加 . dropdown-toggle 属性的下拉菜单样式分别如图 5-20 和图 5-21 所示。

(3)设置实际的下拉菜单

在<div>元素上添加 . dropdown-menu 类来设置实际的下拉菜单,然后在下拉菜单的选项中添加 . dropdown-item 类,完成效果如图 5-22 所示。

图 5-20 添加 . dropdown-toggle 属性

图 5-21 未添加 . dropdown-toggle 属性

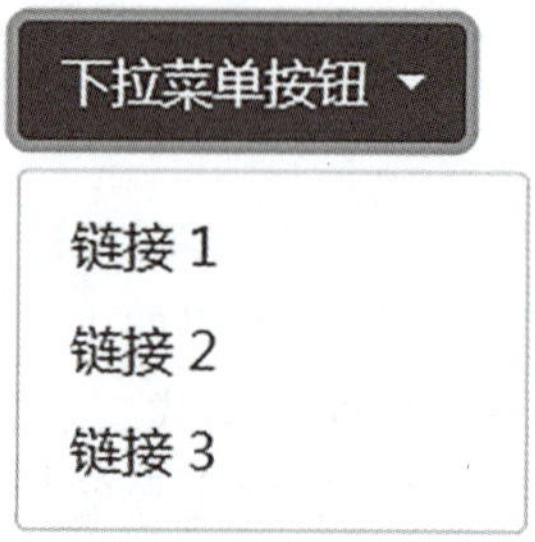

图 5-22 下拉菜单效果

2. 创建分割线

. dropdown-divider 类用于在下拉菜单中创建一个水平的分割线,示例代码如下:

```
<li><hr class="dropdown-divider"></hr></li>
```

下拉菜单分割线效果如图 5-23 所示。

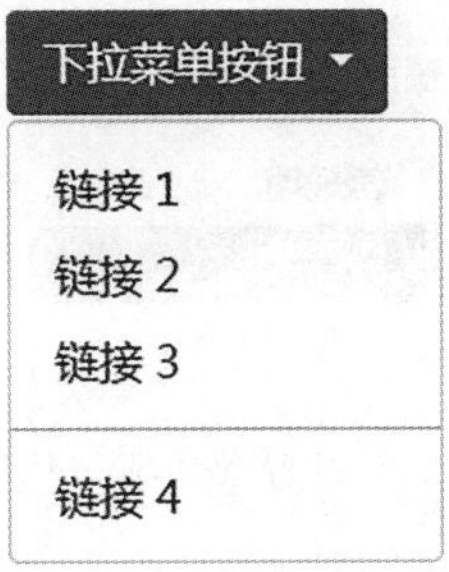

图 5-23　创建分割线

3. 添加标题

. dropdown-header 类用于在下拉菜单中添加标题,示例代码如下:

```
<ul class="dropdown-menu">
    <li><h5 class="dropdown-header">标题 1</h5></li>
    <li><a class="dropdown-item"href="#">链接 1</a></li>
    <li><a class="dropdown-item"href="#">链接 2</a></li>
    <li><a class="dropdown-item"href="#">链接 3</a></li>
    <li><h5 class="dropdown-header">标题 2</h5></li>
    <li><a class="dropdown-item"href="#">链接 4</a></li>
  </ul>
```

下拉菜单中添加标题的效果如图 5-24 所示。

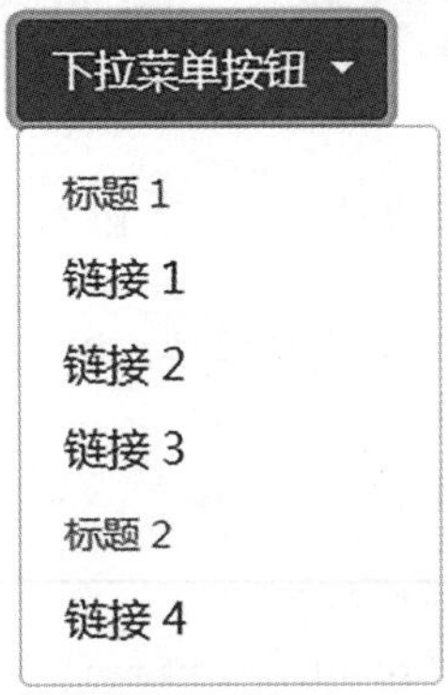

图 5-24　添加标题

4. 激活项与禁用项

. active 类会让下拉菜单的选项高亮显示,一般为添加蓝色背景。如果要禁用下拉菜单的选项,可以使用 . disabled 类,示例代码如下:

```
<a class="dropdown-item"href="#">常规项</a>
<a class="dropdown-item active"href="#">激活项</a>
<a class="dropdown-item disabled"href="#">禁用项</a>
```

下拉菜单激活项与禁用项效果如图 5-25 所示。

5. 弹出方向

在<div>元素上的 . dropdown 类后添加 . dropend 或 . dropstart 类来设置下拉菜单的弹出方向,其中 . dropend 类是右边弹出显示,. dropstart 类是左边弹出显示,示例代码如下:

图 5-25　设置激活项与禁用项

```
<!--右边弹出显示-->
<div class="dropdowndropend">
...
</div>
<!--左边弹出显示-->
<div class="dropdowndropstart">
...
</div>
```

下拉菜单右边弹出显示和左边弹出显示效果分别如图 5-26 和图 5-27 所示。

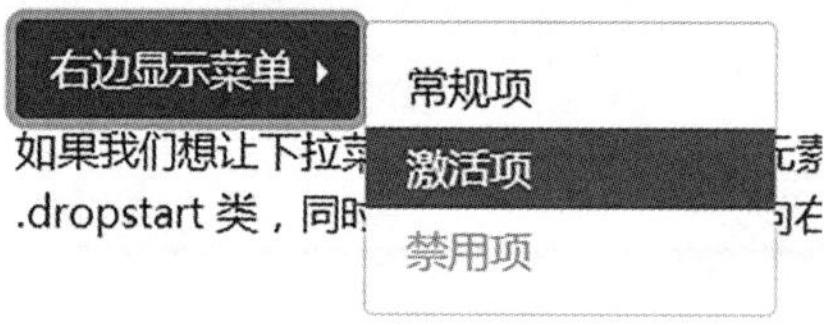

图 5-26　下拉菜单右边弹出显示

图 5-27　下拉菜单左边弹出显示

如果下网下拉菜单向右下方弹出，可以通过在<div>元素上添加 .dropdown-menu-end 类来实现，示例代码如下：

```
<!--右下方下拉菜单按钮-->
<div class="dropdown dropdown-menu-end">
<button type="button" class="btn btn-primary dropdown-toggle" data-bs-toggle="
dropdown">
  下拉菜单右下方弹出
  </button>
  <ul class="dropdown-menu">
    <li><a class="dropdown-item"href="#">链接 1</a></li>
    <li><a class="dropdown-item"href="#">链接 2</a></li>
    <li><a class="dropdown-item"href="#">链接 3</a></li>
  </ul>
</div>
```

下拉菜单右下方弹出显示效果如图 5-28 所示。

6. 上拉菜单

上拉菜单可以通过在<div>元素上添加 dropup 类来实现，示例代码如下：

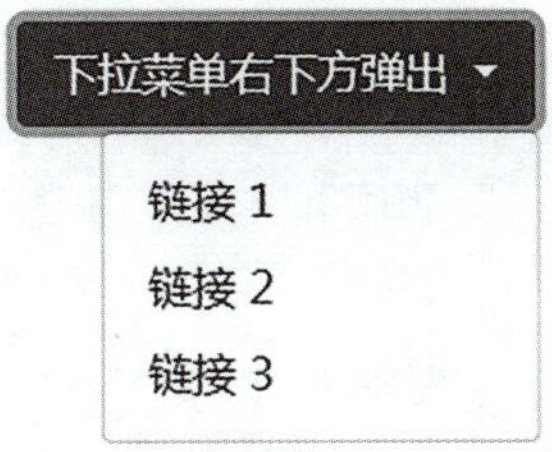

图 5-28　下拉菜单右下方弹出显示效果

```
<!--向上菜单-->
<div class="dropup">
  <button type="button" class="btn btn-primary dropdown-toggle" data-bs-toggle=
"dropdown">
    下拉菜单
  </button>
  <ul class="dropdown-menu">
    <li><a class="dropdown-item"href="#">链接 1</a></li>
    <li><a class="dropdown-item"href="#">链接 2</a></li>
    <li><a class="dropdown-item"href="#">链接 3</a></li>
  </ul>
</div>
```

上拉菜单显示效果如图 5-29 所示。

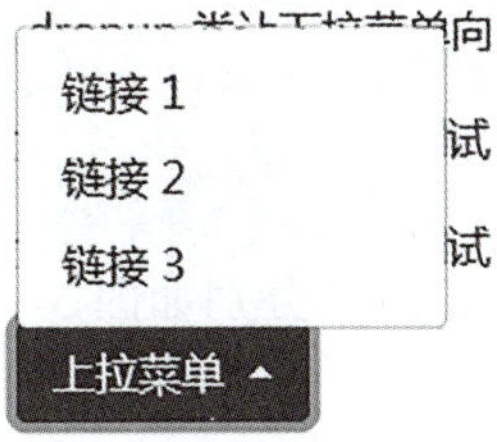

图 5-29　上拉菜单显示效果

7. 下拉菜单中设置文本

.dropdown-item-text 类可以设置下拉菜单中的文本项，示例代码如下：

```
<ul class="dropdown-menu">
  <li><a class="dropdown-item"href="#">链接 1</a></li>
...
  <li><a class="dropdown-item-text"href="#">文本链接</a></li>
  <li><span class="dropdown-item-text">仅仅是文本</span></li>
</ul>
```

下拉菜单中设置文本显示效果如图 5-30 所示。

(二) Bootstrap 导航栏

导航栏一般放在页面的顶部。通常使用 .navbar 类来创建一个标准的导航栏，后面添加 .navbar-expand-xxl、.navbar-expand-xl、.navbar-expand-lg、.navbar-expand-md、.navbar-expand-sm 类来创建响应式的导航栏(大屏幕水平铺开，小屏幕垂直堆叠)。

导航栏上的选项可以使用<ul>元素并添加 class="navbar-nav" 类，然后在<li>元素上添加 .nav-item 类，在<a>元素上使用 .nav-link 类，示例代码如下：

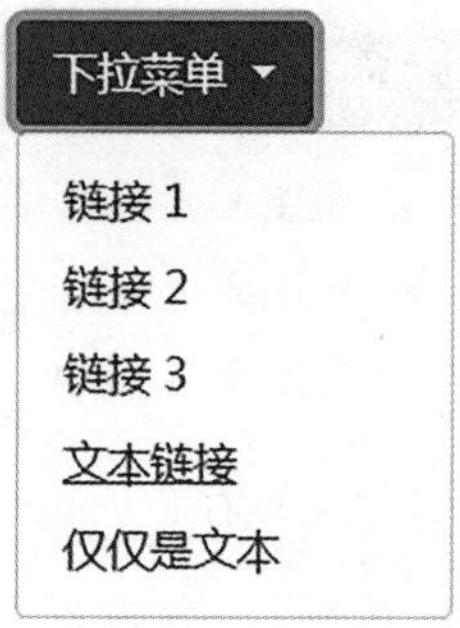

图 5-30　下拉菜单中设置文本效果

```
<!--小屏幕上水平导航栏会切换为垂直的-->
<nav class="navbar  navbar-expand-sm bg-light">
  <!--Links-->
  <ul class="navbar-nav">
    <li class="nav-item">
      <a class="nav-link"href="#">Link 1</a>
    </li>
    <li class="nav-item">
      <a class="nav-link"href="#">Link 2</a>
    </li>
    <li class="nav-item">
      <a class="nav-link"href="#">Link 3</a>
    </li>
  </ul>
</nav>
```

大屏幕上导航栏和小屏幕上导航栏效果分别如图 5-31 和图 5-32 所示。

图 5-31　大屏幕上导航栏效果

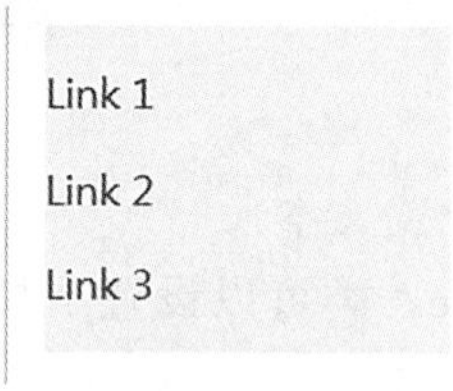

图 5-32　小屏幕上导航栏效果

创建不同样式的导航栏方法如下：

- 创建垂直导航栏：使用 . navbar 类来创导航栏，后面不添加 . navbar-expand-xxl、. navbar-expand-xl、. navbar-expand-lg、. navbar-expand-md、. navbar-expand-sm 类。
- 居中对齐的导航栏：通过添加 . justify-content-center 类来创建。
- 不同颜色导航栏：使用类 . bg-primary、. bg-success、. bg-info、. bg-warning、. bg-danger、. bg-secondary、. bg-dark 和 . bg-light 来实现。

提示：对于暗色背景 . navbar-dark 需要设置文本颜色为浅色的，对于浅色背景 . navbar-light 需要设置文本颜色为深色的。

1. 导航栏品牌/Logo 显示

. navbar-brand 类用于高亮显示品牌/Logo，示例代码如下：

```
<nav class="navbar navbar-expand-sm bg-dark navbar-dark">
  <a class="navbar-brand"href="#">Logo</a>
  ...
</nav>
```

以上代码中 Logo 显示效果如图 5-33 所示。

图 5-33　Logo 显示效果

我们还可以使用 . navbar-brand 类来设置图片自适应导航栏,示例代码如下:

```
<nav class="navbar navbar-expand-sm bg-dark navbar-dark">
  <a class="navbar-brand"href="#">
    <img src="bird.jpg" alt="Logo" style="width:40px;">
  </a>
  ...
</nav>
```

导航栏图片显示效果如图 5-34 所示。

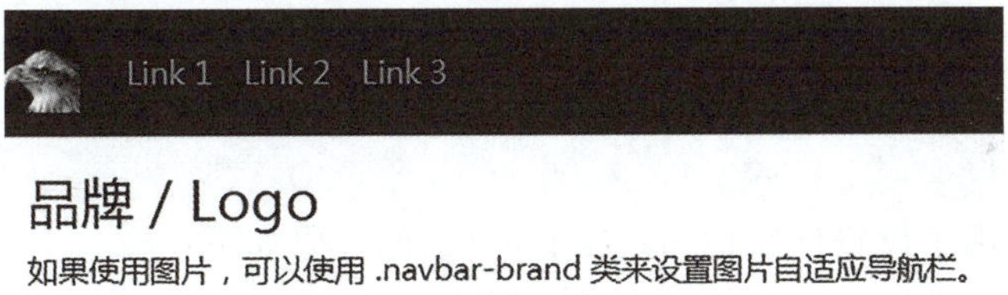

图 5-34　导航栏图片显示效果

2. 折叠导航栏

折叠导航栏主要应用在小屏幕上,通过点击来显示导航选项。

创建折叠导航栏的方法是在按钮上添加 class = " navbar-toggler" 、data-bs-toggle = " collapse" 与 data-target = " #thetarget" 类。在设置了 class = " collapse navbar-collapse" 类的 div 上包裹导航内容(链接),div 元素上的 id 匹配按钮 data-target 的上指定的 id,示例代码如下:

```
  <nav class="navbar navbar-expand-mdbg-dark navbar-dark">
    <!--Brand-->
    <a class="navbar-brand"href="#">Navbar</a>
    <!--Toggler/collapsibe Button-->
    <button class="navbar-toggler" type="button" data-bs-toggle="collapse" data-
bs-target="#collapsibleNavbar">
      <span class="navbar-toggler-icon"></span>
    </button>
    <!--Navbar links-->
    <div class="collapse navbar-collapse" id="collapsibleNavbar">
      <ul class="navbar-nav">
        <li class="nav-item">  <a class="nav-link" href="#">Link</a>  </li>
```

```
        <li class="nav-item">  <a class="nav-link" href="#">Link</a>  </li>
        <li class="nav-item">  <a class="nav-link" href="#">Link</a>  </li>
      </ul>
    </div>
  </nav>
```

导航栏折叠效果和展开效果分别如图 5-35 和图 5-36 所示。

图 5-35　导航栏折叠效果

图 5-36　导航栏展开效果

3. 固定导航栏

导航栏也可以固定在头部或者底部。我们可以使用 . fixed-top 类来实现导航栏固定在头部,示例代码如下:

```
<nav class="navbar navbar-expand-sm bg-dark navbar-dark fixed-top">
  ...
</nav>
```

. fixed-bottom 类用于设置导航栏固定在底部,示例代码如下:

```
<nav class="navbar navbar-expand-sm bg-dark navbar-dark fixed-bottom">
  ...
</nav>
```

(三) Bootstrap 表格

Bootstrap5 通过 . table 类来设置基础表格的样式,语法格式如下:

```
<table class="table">
     <thead>
        <tr>
          <th>Firstname</th>
          <th>Lastname</th>
          <th>Email</th>
        </tr>
     </thead>
     <tbody>
        <tr>
          <td>John</td>
          <td>Doe</td>
          <td>john@ example.com</td>
        </tr>
```

```
    </tbody>
</table>
```

1. 条纹表格

通过添加 . table-striped 类在元素<tbody>内的行上添加条纹，示例代码如下：

```
<table class="table table-striped">
<thead>
...
</thead>
    <tbody>
...
</tbody>
</table>
```

条纹表格效果如图 5-37 所示。

Firstname	Lastname	Email
John	Doe	john@example.com
Mary	Moe	mary@example.com
July	Dooley	july@example.com

图 5-37　条纹表格效果

2. 带边框表格

使用 . table-bordered 类可以为表格添加边框，示例代码如下：

```
<table class="table table-bordered">
...
</table>
```

带边框表格效果如图 5-38 所示。

Firstname	Lastname	Email
John	Doe	john@example.com
Mary	Moe	mary@example.com
July	Dooley	july@example.com

图 5-38　带边框表格效果

3. 鼠标悬停状态表格

. table-hover 类可以为表格的每一行添加鼠标悬停效果（灰色背景），示例代码如下：

```
<table class="table table-hover">
...
</table>
```

鼠标悬停行灰色效果如图 5-39 所示。

4. 黑色背景表格

. table-dark 类可以为表格添加黑色背景，示例代码如下：

Firstname	Lastname	Email
John	Doe	john@example.com
Mary	Moe	mary@example.com
July	Dooley	july@example.com

图 5-39　鼠标悬停效果(灰色)

```
<table class="table  table-dark">
...
</table>
```

黑色背景表格效果如图 5-40 所示。

Firstname	Lastname	Email
John	Doe	john@example.com
Mary	Moe	mary@example.com
July	Dooley	july@example.com

图 5-40　黑色背景表格效果

5. 表格行或单元格颜色设置

设置 Bootstrap 表格颜色所使用的类如表 5-4 所示。

表 5-4　Bootstrap 表格颜色设置类与说明

类名	说　明
.table-primary	蓝色:指定这是一个重要的操作
.table-success	绿色:指定这是一个允许执行的操作
.table-danger	红色:指定这是危险的操作
.table-info	浅蓝色:表示内容已变更
.table-warning	橘色:表示需要注意的操作
.table-active	灰色:用于鼠标悬停效果
.table-secondary	灰色:表示内容不怎么重要
.table-light	浅灰色,可以是表格行的背景
.table-dark	深灰色,可以是表格行的背景

我们通过一个简单的示例来看一下如何设置表格行的颜色,代码如下:

```
<table class="table ">
...
<tr class="table-primary">
          <td>Primary</td>
          <td>Joe</td>
          <td>joe@ example.com</td>
</tr>
...
</table>
```

设置表格行的颜色效果如图 5-41 所示。

Firstname	Lastname	Email
Default	Defaultson	def@somemail.com
Primary	Joe	joe@example.com
Success	Doe	john@example.com
Danger	Moe	mary@example.com
Info	Dooley	july@example.com
Warning	Refs	bo@example.com
Active	Activeson	act@example.com
Secondary	Secondson	sec@example.com
Light	Angie	angie@example.com

图 5-41 设置表格行的颜色效果

我们还可以设置表头的颜色,示例代码如下:

```
<table class="table ">
...
<thead class="table-dark">
     <tr>
       <th>Firstname</th>
       <th>Lastname</th>
       <th>Email</th>
     </tr>
</thead>
...
</table>
```

设置表头颜色的效果如图 5-42 所示。

Firstname	Lastname	Email
John	Doe	john@example.com
Mary	Moe	mary@example.com
July	Dooley	july@example.com

Firstname	Lastname	Email
John	Doe	john@example.com
Mary	Moe	mary@example.com
July	Dooley	july@example.com

图 5-42 设置表头颜色的效果

6. 响应式表格

.table-responsive 类用于创建响应式表格。在屏幕宽度小于 992px 时会创建水平滚动条;如果可视区域宽度大于 992px 则显示不同效果(没有滚动条),示例代码如下:

```
<div class="table-responsive">
<table class="table ">
...
</table>
</div>
```

响应式表格效果如图 5-43 所示。

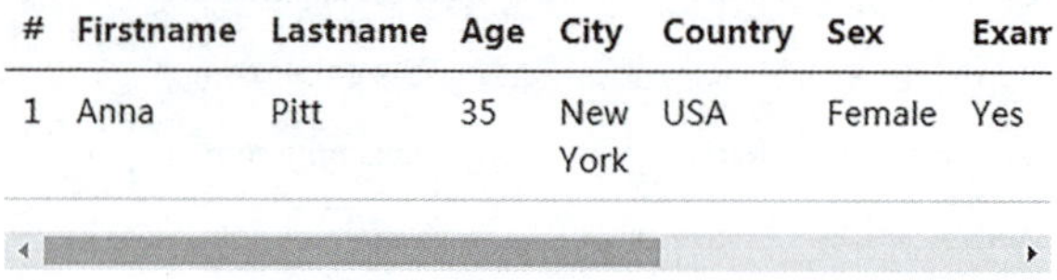

图 5-43　响应式表格效果

Bootstrap 通过表 5-5 所示的类设定在指定屏幕宽度下显示滚动条。

表 5-5　Bootstrap 响应式表格类与说明

类　　名	说　明	类　　名	说　明
. table-responsive-sm	<576px	. table-responsive-xl	<1 200px
. table-responsive-md	<768px	. table-responsive-xxl	<1 400px
. table-responsive-lg	<992px		

（四）Bootstrap 输入框组

Bootstrap 输入框组扩展自表单控件。使用输入框组可以很容易地向基于文本的输入框添加作为前缀和后缀的文本或按钮。

通过向输入域添加前缀和后缀的内容，可以向用户输入添加公共元素。例如，可以添加美元符号，或者在 Twitter 用户名前添加@，或者应用程序接口所需要的其他公共元素。

向 . form-control 类添加前缀或后缀元素的步骤如下：

（1）把前缀或后缀元素放在一个带有 class. input-group 的<div>中；

（2）相同的<div>内，在 class 为 . input-group-addon 的<span>内放置额外的内容；

（3）把该<span>放置在<input>元素的前面或者后面。

下面的示例演示了基本的输入框组操作：

```
<div style="padding:100px100px 10px;">
    <form class="bs-example bs-example-form" role="form">
        <div class="input-group">
            <span class="input-group-addon">@ </span>
            <input type="text" class="form-control" placeholder="twitterhandle">
        </div>
        <br>
        <div class="input-group">
            <input type="text" class="form-control">
            <span class="input-group-addon">.00</span>
        </div>
        <br>
        <div class="input-group">
            <span class="input-group-addon">$ </span>
```

```
            <input type="text" class="form-control">
            <span class="input-group-addon">.00</span>
        </div>
    </form>
</div>
```

运行结果如图 5-44 所示。

图 5-44 输入组框示例运行结果

(五) Bootstrap 滚动监听

滚动监听(scrollspy)插件,即自动更新导航插件,根据滚动条位置自动更新对应的导航目标。

1. 导航栏滚动监听

向需要监听的元素(通常是 body)添加 data-bs-spy = "scroll",然后添加 data-bs-target 属性,属性值为导航栏的 id 或 class(.navbar)。以此设置可滚动区域。需要注意的是,可滚动项元素上的 id(<div id="section1">)必须匹配导航栏上的链接选项(<a href="#section1">)。

可选项 data-bs-offset 属性用于计算滚动位置时,距离顶部的偏移像素。默认为 10 px。

使用 data-spy="scroll" 的元素需要将其 CSS position 属性设置为相对定位(relative)才起作用。

我们来看一个具体的示例,代码如下:

```
<!--可滚动区域-->
<body data-bs-spy="scroll" data-bs-target=".navbar" data-bs-offset="50">
<!--导航栏-<a>元素用于跳到指定滚动区域-->
<nav class="navbar navbar-expand-sm bg-dark navbar-dark fixed-top">
...
    <ul class="navbar-nav">
        <li><ahref="#section1">Section 1</a></li>
    ...
</nav>
<!--Section 1-->
<div id="section1">
  <h1>Section 1</h1>
  <p>Try to scroll this page and look at the navigation bar whilescrolling! </p>
</div>
...
</body>
```

导航栏滚动监听运行效果如图 5-45 所示。

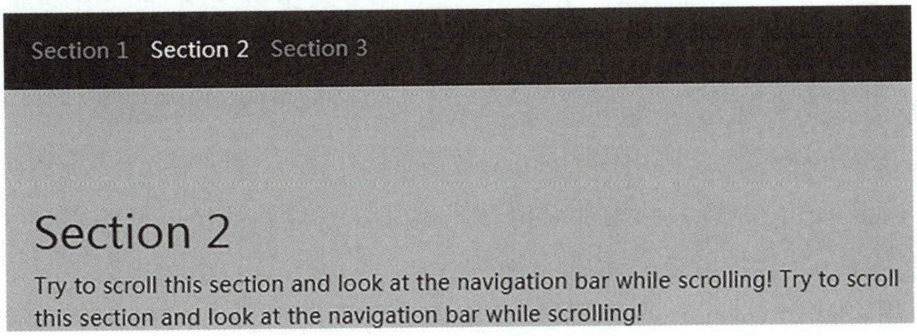

图 5-45 导航栏滚动监听效果

2. 列表组滚动监听

向需要监听的元素添加 data-bs-spy="scroll",然后添加 data-bs-target 属性,属性值为列表组的 id 或 class(.navbar)。以此设置可滚动区域。需要注意的是,可滚动项元素上的 id(<h4 id="list-item-1">)必须匹配列表中的链接选项(href="#list-item-1"),示例代码如下:

```
<div id="list-example" class="list-group">
  <a class="list-group-item list-group-item-action"href="#list-item-1">Item 1</a>
  ...
</div>
<div data-bs-spy="scroll" data-bs-target="#list-example" data-bs-offset="0"
class="scrollspy-example" tabindex="0">
  <h4 id="list-item-1">Item 1</h4>
  <p>...</p>
...
</div>
```

列表组滚动监听运行效果如图 5-46 所示。

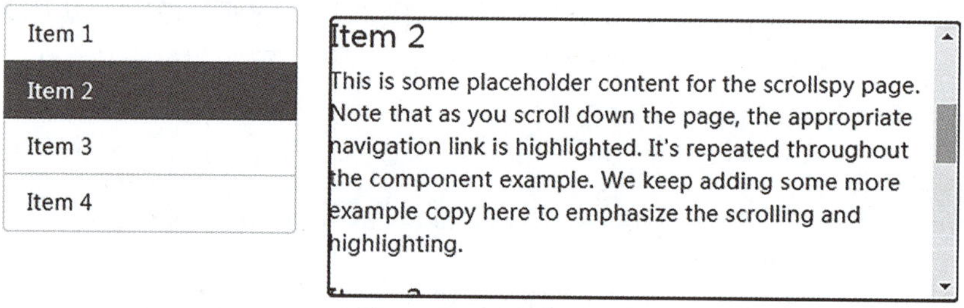

图 5-46 列表组滚动监听效果

(六)Bootstrap 标签

标签可用于计数、提示或页面上其他的标记显示。在 Bootstrap 中通常使用 class.label 来显示标签,示例代码如下:

```
<h1>Example Heading <span class="label label-default">Label</span></h1>
<h2>Example Heading <span class="label label-default">Label</span></h2>
<h3>Example Heading <span class="label label-default">Label</span></h3>
<h4>Example Heading <span class="label label-default">Label</span></h4>
```

标签显示效果如图 5-47 所示。

二、Bootstrap 插件

Bootstrap 自带 12 种 jQuery 插件,较好地扩展了功能,可以给站点添加更多的互动。即使不是一名高级的 JavaScript 开发人员,也可以着手学习 Bootstrap 的 JavaScript 插件。利用 Bootstrap 数据 API(Bootstrap Data API),大部分的插件可以在不编写任何代码的情况下被触发。

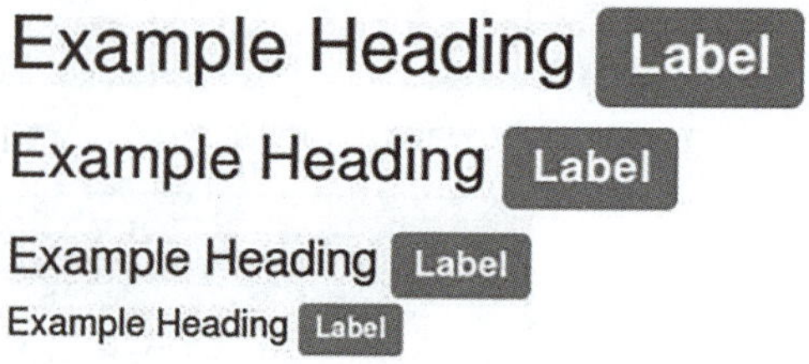

图 5-47 标签显示效果

站点引用 Bootstrap 插件的方式有如下两种:

- 单独引用:使用 Bootstrap 的个别的 *.js 文件。某些插件和 CSS 组件依赖于其他插件。如果单独引用插件,必须了解这些插件之间的依赖关系。

• 编译(同时)引用:使用 bootstrap. js 或压缩版的 bootstrap. min. js。不要尝试同时引用这两个文件,因为 bootstrap. js 和 bootstrap. min. js 都包含了所有的插件。

(一)data 属性

通过 data 属性 API 就能使用所有的 Bootstrap 插件,无须写一行 JavaScript 代码。例如,滚动监听插件的 data 属性使用,方法如下:

```
<!--可滚动区域-->
<body data-bs-spy="scroll" data-bs-target=".navbar" data-bs-offset="50">
<!--导航栏-<a>元素用于跳到指定滚动区域-->
<nav class="navbar navbar-expand-sm bg-dark navbar-dark fixed-top">
      ...
</nav>
```

在某些情况下,我们可能需要将此功能关闭。关闭 data 属性 API 的方法,即解除以 data-api 为命名空间并绑定在文档上的事件,语法如下:

```
$(document).off('.data-api')
```

如需关闭一个特定的插件,只需要在 data-api 命名空间前加上该插件的名称作为命名空间即可,示例代码如下:

```
$(document).off('.alert.data-api')
```

(二)插件 JavaScrip 方式的 API

为所有 Bootstrap 插件提供了纯 JavaScript 方式的 API。所有公开的 API 都是支持单独或链式调用方式,并且返回其所操作的元素集合(和 jQuery 的调用形式一致)。例如:

```
$(".btn.danger").button("toggle").addClass("fat")
$('body').scrollspy({ target:'.navbar-example'})
```

所有的方法都可以接受一个可选的选项对象作为参数,或者一个代表特定方法的字符串,或者不带任何参数(这种情况下,将会初始化插件为默认行为),示例代码如下:

```
//初始化为默认行为
$("#myModal").modal()
//初始化为不支持键盘
$("#myModal").modal({ keyboard:false })
//初始化并立即调用 show
$("#myModal").modal('show')
```

每个插件在 constructor 属性上也暴露了其原始的构造函数:$.fn.popover.Constructor。如果读者想获取某个特定插件的实例,可以直接通过页面元素获取,示例代码如下:

```
$('[rel=popover]').data('popover').
```

(三)命名空间冲突避免方法

Bootstrap 插件有可能需要与其他 UI 框架一起使用,在这种情况下,可能会发生命名空间冲突。如发生了这种情况,可以通过调用插件的 .noConflict 方法恢复其原始值,示例代码如下:

```
//返回 $.fn.button 之前所赋的值
var bootstrapButton=$.fn.button.noConflict()
//为 $().bootstrapBtn 赋予 Bootstrap 功能
$.fn.bootstrapBtn=bootstrapButton
```

（四）Bootstrap 事件

Bootstrap 为大多数插件的独特行为提供了自定义事件。一般来说，这些事件有如下两种形式：

- 动词不定式：事件开始时被触发。例如 ex：show。动词不定式事件提供了 preventDefault 功能，在事件开始前可以停止操作的执行，示例代码如下：

```
$ ('#myModal').on('show.bs.modal',function(e){
//阻止模态框的显示
  if(!data)return e.preventDefault()
})
```

- 过去分词形式：在动作执行完毕之后被触发。例如 ex：shown。

三、温湿度调节界面程序设计

（一）创建温湿度调节界面

新建“温湿度调节界面”项目，并新建“温湿度调节界面．html”。

打开“bootstrap-5.1.3-dist”项目中的“HTML 模板．html”文件，复制模板代码，粘贴代码到“温湿度调节界面”文件中，如图 5-48 所示。

```
<!DOCTYPE html>
<html>
  <head>
    <meta charset="UTF-8">
    <title>Bootstrap 模板</title>
    <meta name="viewport" content="width=device-width, initial-scale=1.0">
    <!-- 引入 Bootstrap -->
    <link rel="stylesheet" href="https://cdn.staticfile.org/twitter-bootstrap/3.3.7/css/bootstrap.min.css">
    <script src="https://cdn.staticfile.org/jquery/2.1.1/jquery.min.js"></script>
    <script src="https://cdn.staticfile.org/twitter-bootstrap/3.3.7/js/bootstrap.min.js"></script>

    <!-- HTML5 Shiv 和 Respond.js 用于让 IE8 支持 HTML5元素和媒体查询 -->
    <!-- 注意： 如果通过 file:// 引入 Respond.js 文件，则该文件无法起效果 -->
    <!--[if lt IE 9]>
      <script src="https://oss.maxcdn.com/libs/html5shiv/3.7.0/html5shiv.js"></script>
      <script src="https://oss.maxcdn.com/libs/respond.js/1.3.0/respond.min.js"></script>
    <![endif]-->
  </head>
  <body>
    <h1>Hello, world!</h1>

    <!-- jQuery (Bootstrap 的 JavaScript 插件需要引入 jQuery) -->
    <script src="https://code.jquery.com/jquery.js"></script>
    <!-- 包括所有已编译的插件 -->
    <script src="js/bootstrap.min.js"></script>
  </body>
</html>
```

图 5-48　温湿度调节页面

（二）添加温湿度调节界面页面内容

1. 修改 head 中标题

打开“温湿度调节界面．html”文件，将文档标题修改为“温湿度调节”；在 head 中添加标题代码，如图 5-49 所示。

2. 设置导航栏样式

在 head 中添加代码来设置导航栏样式，代码及添加位置如图 5-50 所示。

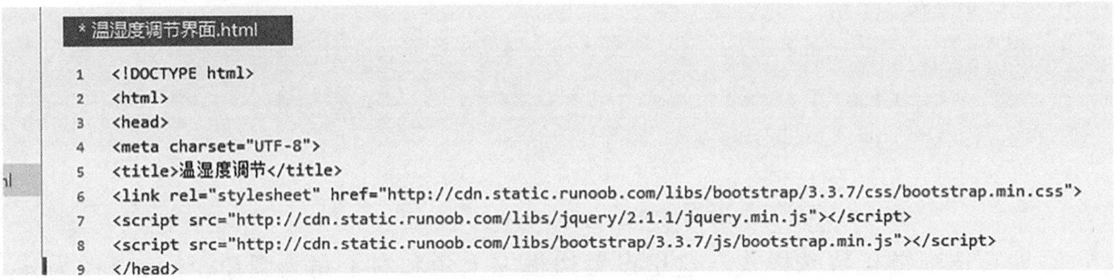

```
* 温湿度调节界面.html
<!DOCTYPE html>
<html>
<head>
<meta charset="UTF-8">
<title>温湿度调节</title>
<link rel="stylesheet" href="http://cdn.static.runoob.com/libs/bootstrap/3.3.7/css/bootstrap.min.css">
<script src="http://cdn.static.runoob.com/libs/jquery/2.1.1/jquery.min.js"></script>
<script src="http://cdn.static.runoob.com/libs/bootstrap/3.3.7/js/bootstrap.min.js"></script>
</head>
```

图 5-49　修改标题代码

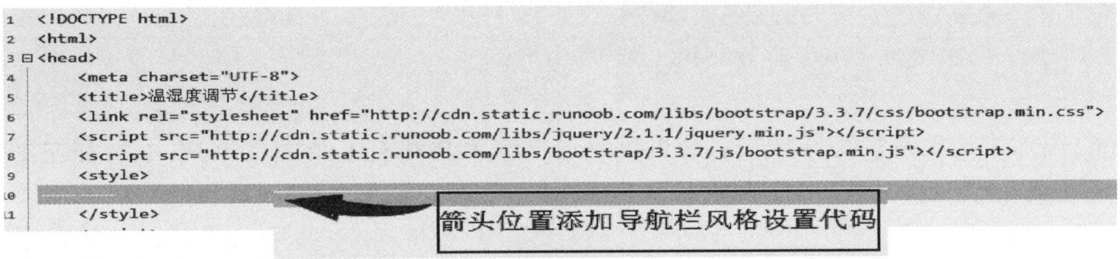

```
<!DOCTYPE html>
<html>
<head>
    <meta charset="UTF-8">
    <title>温湿度调节</title>
    <link rel="stylesheet" href="http://cdn.static.runoob.com/libs/bootstrap/3.3.7/css/bootstrap.min.css">
    <script src="http://cdn.static.runoob.com/libs/jquery/2.1.1/jquery.min.js"></script>
    <script src="http://cdn.static.runoob.com/libs/bootstrap/3.3.7/js/bootstrap.min.js"></script>
    <style>

    </style>
```


图 5-50　导航栏样式代码及添加位置

(1)添加选项卡导航栏样式设置代码,具体如下:

- 宽度为 140;上边距为 20。
- 边框圆角,导角半径为 4;边框为实线,线宽为 1,颜色为#ddd。
- 边框阴影,水平阴影为 0,垂直阴影为 1,阴影宽度为 4,透明度为 0.067。

具体实现代码如下:

```
ul.nav-tabs{
        width:140px;
        margin-top:20px;
        border-radius:4px;
        border:1px solid #ddd;
        box-shadow:0 1px 4pxrgba(0,0,0,0.067);
    }
```

(2)添加导航栏选项样式设置代码。选择边距为 0;上边框为实线,线宽为 1,颜色为#ddd,具体实现代码如下:

```
ul.nav-tabs li{
        margin:0;
        border-top:1px solid #ddd;
    }
```

(3)添加首选项特殊样式,此处设置为无上边框,具体实现代码如下:

```
ul.nav-tabs li:first-child{
        border-top:none;
    }
```

(4)添加链接样式,具体如下:

- 外边距为 0;内边距,上下边距为 8,左右边距为 16。
- 边框为直角。

具体实现代码如下：

```
ul.nav-tabs li a{
        margin:0;
        padding:8px 16px;
        border-radius:0;
    }
```

(5)添加首选项链接特殊样式。这里设置边框左上角和右上角为圆角，导角半径为 4；右下角和左下角为直角，具体实现代码如下：

```
ul.nav-tabs li:first-child a{
        border-radius:4px4px 0 0;
    }
```

(6)添加末选项链接特殊样式。这里设置边框左上角和右上角为直角；右下角和左下角为圆角，导角半径为 4，具体实现代码如下：

```
ul.nav-tabs li:last-child a{
        border-radius:0 0 4px4px;
    }
```

(7)添加激活链接或鼠标滑过链接样式，具体如下：

- 文本颜色为#ffff。
- 背景颜色为#0088cc。
- 边框为实线，线宽为 1，颜色为#0088cc。

具体实现代码如下：

```
ul.nav-tabs li.active a,ul.nav-tabs li.active a:hover{
        color:#fff;
        background:#0088cc;
        border:1px solid #0088cc;
    }
```

(8)锁定导航栏位置。这里设置锁定导航栏距上边为 30，具体实现代码如下：

```
ul.nav-tabs.affix{
        top:30px;/* Set the top position of pinned element* /
    }
```

将导航栏样式代码添加到 head 中，如图 5-51 所示。

3. 手动添加鼠标滚过后附加导航

在 head 中加入代码，实现鼠标滚过页面加载完成后，设置导航栏偏移 125，代码添加到 head 中，如图 5-52 所示。

4. 在 body 中修改和添加温湿度调节界面页面内容

(1)去掉 body 中原有内容，创建滚动监听。

根据滚动条的位置自动更新导航目标。实现随着滚动，基于滚动条的位置向导航栏添加 . active class，实现代码如下：

```
<body data-spy="scroll" data-target="#myScrollspy">
```

* 温湿度调节界面.html

```
<script src="http://cdn.static.runoob.com/libs/jquery/2.1.1/jquery.min.js"></script>
<script src="http://cdn.static.runoob.com/libs/bootstrap/3.3.7/js/bootstrap.min.js">
<style>
    ul.nav-tabs{
        width: 140px;
        margin-top: 20px;
        border-radius: 4px;
        border: 1px solid #ddd;
        box-shadow: 0 1px 4px rgba(0, 0, 0, 0.067);
    }
    ul.nav-tabs li{
        margin: 0;
        border-top: 1px solid #ddd;
    }
    ul.nav-tabs li:first-child{
        border-top: none;
    }
    ul.nav-tabs li a{
        margin: 0;
        padding: 8px 16px;
        border-radius: 0;
    }
    ul.nav-tabs li.active a, ul.nav-tabs li.active a:hover{
        color: #fff;
        background: #0088cc;
        border: 1px solid #0088cc;
    }
    ul.nav-tabs li:first-child a{
        border-radius: 4px 4px 0 0;
    }
    ul.nav-tabs li:last-child a{
        border-radius: 0 0 4px 4px;
    }
    ul.nav-tabs.affix{
        top:30px; /* Set the top position of pinned element */
    }
</style>
```

图 5-51　导航栏样式代码

```
    ul.nav-tabs.affix{
        top:30px; /* Set the top position of pinned element */
    }
</style>
<script>
$(document).ready(function(){
    $("#myNav").affix({
        offset: {
            top: 200
        }
    });
});
</script>
```

图 5-52　附加导航代码

(2)在 body 中添加 container,并添加 Jumbotron。

在 container 中添加一个 Jumbotron,使用超大屏幕和大标题。添加一级标题“温湿度调节”,实现代码如下:

```
<div class="container">
    <div class="jumbotron">
        <h1>温湿度调节</h1>
</div>
</div>
```

(3)在 container 中添加页面布局内容,主要包括添加 Bootstrap 网格行和创建网格列(列宽为 3 个网格,id 为"myScrollspy"),并在创建的网格列中添加导航栏,设置为垂直分布,id 为"myNav",同时添加如下两个选项:

- 选项"温度",默认为激活状态,添加链接"#section-1"。
- 选项"湿度",添加链接"#section-2"。

具体实现代码如下:

```
<div class="col-xs-3" id="myScrollspy">
            <ul class="nav nav-tabs nav-stacked" id="myNav">
                <li class="active"><ahref="#section-1">温度</a></li>
                <li><a href="#section-2">湿度</a></li>
            </ul>
</div>
```

(4)在页面中创建网格列,列宽为 9 个网格,主要操作包括:

- 添加二级标题"温度",id 为"section-1"。
- 添加测试图片。
- 添加四级标题"温度采集"。
- 添加表格,设置斑马线条纹。

相应实现代码如下:

```
<div class="col-xs-9">
    <h2 id="section-1">温度</h2>
    <div class="fakeimg">
            <img src="../img/wendu.png" width="120px"/>
              <span>当前温度:<strong>25.8</strong></span>
     </div>
     <h4>温度采集</h4>
     <table class="table table-striped">
         <caption></caption>
         <thead>
               <tr>
                 <th>采集时间</th>
                 <th>传感器</th>
                 <th>采集值</th>
               </tr>
         </thead>
           <tbody>
               <tr>
                 <td>2020-01-01 12:50:00</td>
                 <td>温度</td>
                 <td>26.1</td>
               </tr>
               <tr>
                 <td>2020-01-01 12:51:00</td>
                 <td>温度</td>
                 <td>27.2</td>
               </tr>
```

```
            <tr>
              <td>2020-01-01 12:52:00</td>
              <td>温度</td>
              <td>26.9</td>
            </tr>
        </tbody>
    </table>
```

(5)添加二级标题“湿度”,id 为“section-2”,主要操作包括:

- 添加测试图片。
- 添加四级标题“湿度采集”。
- 添加表格,设置斑马线条纹。

相应实现代码如下:

```
<div class="col-xs-9">
    <h2 id="section-2">湿度</h2>
    <div class="fakeimg">
            <img src="../img/shidu.png" width="120px"/>
              <span>当前湿度:<strong>78.5</strong></span>
    </div>
      <h4>湿度采集</h3>
      <table class="table table-striped">
          <caption></caption>
          <thead>
              <tr>
                  <th>采集时间</th>
                  <th>传感器</th>
                  <th>采集值</th>
              </tr>
          </thead>
            <tbody>
              <tr>
                  <td>2020-01-01 12:50:00</td>
                  <td>湿度</td>
                  <td>76.1</td>
              </tr>
              <tr>
                  <td>2020-01-01 12:51:00</td>
                  <td>湿度</td>
                  <td>77.2</td>
              </tr>
              <tr>
                  <td>2020-01-01 12:52:00</td>
                  <td>湿度</td>
                  <td>86.9</td>
              </tr>
            </tbody>
    </table>
```

在 body 中添加温湿度控制页面内容代码完毕，如图 5-53 所示。

```
温湿度调节界面.html
<body data-spy="scroll" data-target="#myScrollspy">
<div class="container">
    <div class="jumbotron">
        <h1>温湿度调节</h1>
    </div>
    <div class="row">
        <div class="col-xs-3" id="myScrollspy">
            <ul class="nav nav-tabs nav-stacked" id="myNav">
                <li class="active"><a href="#section-1">温度</a></li>
                <li><a href="#section-2">湿度</a></li>
            </ul>
        </div>
        <div class="col-xs-9">
            <h2 id="section-1">温度</h2>
            <div class="fakeimg">
                <img src="img/wendu.png" width="120px" />
                <span>当前温度: <strong>25.8</strong> </span>
            </div>
            <h4>温度采集</h3>
            <table class="table table-striped">
                <caption></caption>
                <thead>
                    <tr>
                        <th>采集时间</th>
                        <th>传感器</th>
                        <th>采集值</th>
```

图 5-53　页面内容代码

(三)运行效果展示

HTML 页面及 JavaScript 编写完成后，通过浏览器查看页面。运行效果如图 5-54 和图 5-55 所示。

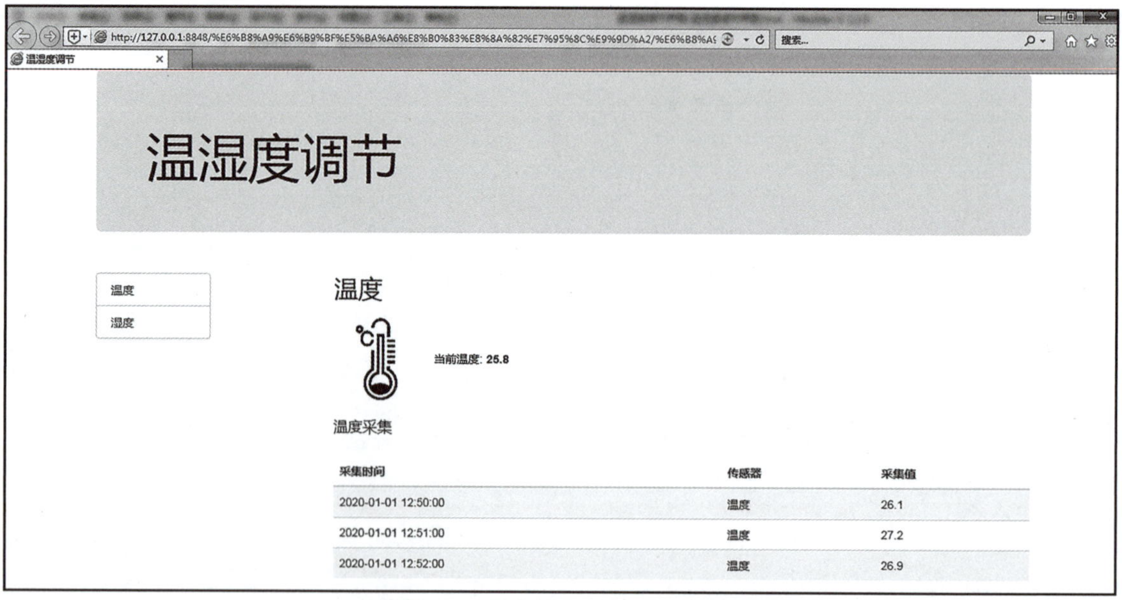

图 5-54　温度调节页面运行效果

任务小结

通过本任务的学习，可以掌握 Bootstrap CDN 方式的引用、Bootstrap 布局的使用以及 Bootstrap 插件的使用。

图 5-55　湿度调节运行效果

任务三　家居光强调节界面设计

任务描述

学习 jQuery 的基本知识内容，完成家居光强调节界面设计与程序编写。

任务目标

- 掌握 jQuery 的安装使用。
- 掌握 jQuery 的语法。
- 掌握 jQuery 选择器的使用。
- 掌握 jQuery 的事件调用。
- 掌握 jQuery 操作 HTML 的方法。

任务实施

本任务将要学习的“家居光强调节界面”样式如图 5-56 所示。

界面中设计的各项内容如下：

- 引用 jQuery 函数。
- 监控窗口变化并获取分辨率。
- /jQuery 绑定 click 事件，点击“打开”显示亮灯图片，文本变为“关闭”；点击“关闭”显示灭灯图片，文本变为“打开”。

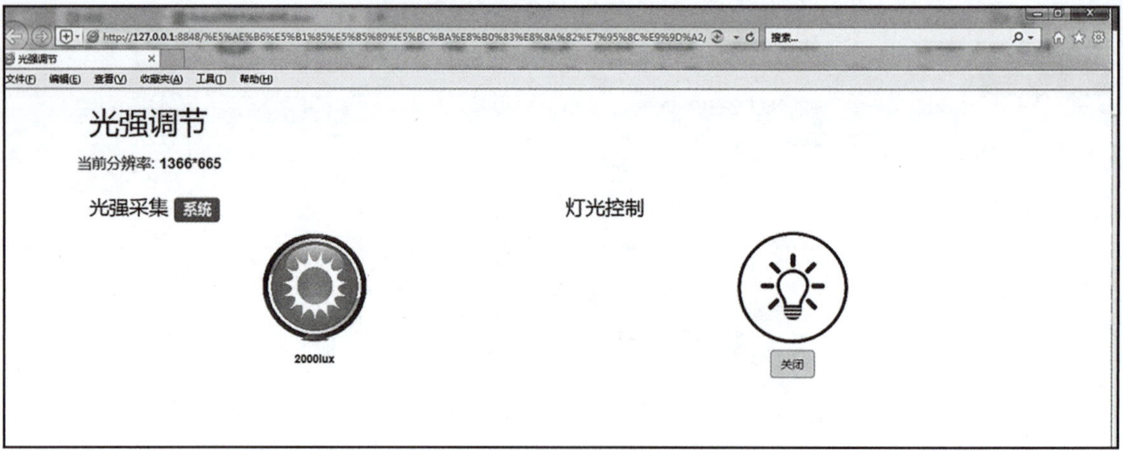

图 5-56 界面样式

- “光强采集标题”鼠标移入时,显示或隐藏“系统”标签。
- 网格行中,第一行显示屏幕分辨率;第二行左侧 6 列为光强采集,显示光照图片和参数;第二行右侧 6 列为灯光控制,显示灯光控制按钮和状态图片。

一、jQuery 简介

(一)什么是 jQuery?

jQuery 是一个轻量级的“写得少,做得多”的 JavaScript 库。jQuery 库包含以下功能:

- HTML 元素选取
- HTML 元素操作
- CSS 操作
- HTML 事件函数
- JavaScript 特效和动画
- HTML DOM 遍历和修改
- AJAX
- Utilities

提示:除此之外,jQuery 还提供了大量的插件。

(二)为什么使用 jQuer0y

网络上有大量开源的 JavaScript 框架,但是 jQuery 是目前最流行的 JavaScript 框架,而且提供了大量的扩展。很多大公司都在使用 jQuery,例如 Google、Microsoft、IBM、Netflix 等。

二、jQuery 安装

(一)网页中添加 jQuery

可以通过从 jquery. com 下载 jQuery 库或者从 CDN 中载入 jQuer(如从 Google 中加载 jQuery)等多种方法在网页中添加 jQuery。

(二)下载 jQuery

目前有两个版本的 jQuery 可供下载:

- Production version:用于实际的网站中,已被精简和压缩。

• Development version：用于测试和开发（未压缩，是可读的代码）

以上两个版本都可以从 jquery. com 中下载。

由于 jQuery 库是一个 JavaScript 文件，读者可以使用 HTML 的<script>标签引用它，语法格式如下：

```
<head>
<script src="jquery-1.10.2.min.js"></script>
</head>
```

（三）从 CDN 中载入 jQuery

如果不下载并存放 jQuery，也可以通过 CDN（内容分发网络）引用它。

Staticfile CDN、百度、又拍云、新浪、谷歌和微软的服务器都存有 jQuery。如果站点用户是国内的，建议使用百度、又拍云、新浪等国内 CDN 地址，如果站点用户是国外的可以使用谷歌和微软。

如需从 Staticfile CDN、又拍云、新浪、谷歌或微软引用 jQuery，请使用以下代码之一。

Staticfile CDN：

```
<head>
<script src="https://cdn.staticfile.org/jquery/1.10.2/jquery.min.js"></script>
</head>
```

百度 CDN：

```
<head>
<script src="https://apps.bdimg.com/libs/jquery/2.1.4/jquery.min.js"></script>
</head>
```

又拍云 CDN：

```
<head>
<script src="https://upcdn.b0.upaiyun.com/libs/jquery/jquery-2.0.2.min.js"></
script>
</head>
```

新浪 CDN：

```
<head>
<script src="https://lib.sinaapp.com/js/jquery/2.0.2/jquery-2.0.2.min.js"></
script>
</head>
```

Google CDN：

```
<head>
<script src="https://ajax.googleapis.com/ajax/libs/jquery/1.10.2/jquery.min.
js"></script>
</head>
```

Microsoft CDN：

```
<head>
<script src="https://ajax.aspnetcdn.com/ajax/jquery/jquery-1.9.0.min.js"></
script>
</head>
```

因 Google 产品在国内很不稳定,不推荐使用 Google CDN。

(四)独立文件中使用 jQuery 函数

如果网站包含许多页面,且希望 jQuery 函数易于维护,可把 jQuery 函数放到独立的 .js 文件中。

当使用 jQuery 时,会将函数直接添加到<head>部分中。但是放到一个单独的文件中,通过 src 属性来引用文件,更为方便。

```
<head>
<script src="http://cdn.static.runoob.com/libs/jquery/1.10.2/jquery.min.js">
</script>
<script src="my_jquery_functions.js"></script>
</head>
```

三、jQuery 语法

jQuery 语法是通过选取 HTML 元素,并对选取的元素执行某些操作。

(一)基础语法:$(selector).action()

- 使用美元符号($)定义 jQuery。
- 选择符(selector)"查询"和"查找"HTML 元素。
- jQuery 的 action()执行对元素的操作。

我们来看几个具体示例:

- $(this).hide():隐藏当前元素。
- $("p").hide():隐藏所有<p>元素。
- $("p.test").hide():隐藏所有 class="test" 的<p>元素。
- $("#test").hide():隐藏 id="test" 的元素。

(二)文档就绪事件

为了防止文档在完全加载(就绪)之前运行 jQuery 代码,即在 DOM 加载完成后才可以对 DOM 进行操作,采用 document ready()函数。

下面示例中的所有 jQuery 函数均位于一个 document ready()函数中:

```
$(document).ready(function(){
    //开始写 jQuery 代码...
});
```

如果在文档没有完全加载之前就运行函数,操作可能失败。

简洁写法(与以上写法效果相同)如下:

```
$(function(){
    //开始写 jQuery 代码...
});
```

以上两种方式可以选择实现文档就绪后执行 jQuery 方法。

四、jQuery 选择器

jQuery 选择器允许对 HTML 元素组或单个元素进行操作。

jQuery 选择器基于元素的 id、类、类型、属性、属性值等“查找”(或选择) HTML 元素。它基于已经存在的 CSS 选择器。除此之外,它还有一些自定义的选择器。

注意:jQuery 中所有选择器都以 $ ()符号开头。

(一)元素选择器

jQuery 元素选择器基于元素名选取元素。例如,在页面中选取所有<p>元素,代码如下:

```
$ ("p")
```

用户点击按钮后,所有<p>元素都隐藏,示例代码如下:

```
$ (document).ready(function(){
   $ ("button").click(function(){
      $ ("p").hide();
   });
});
```

(二)#id 选择器

jQuery #id 选择器通过 HTML 元素的 id 属性选取指定的元素。

页面中元素的 id 是唯一的,所以读者要在页面中选取唯一的元素需要通过#id 选择器。

通过 id 选取元素语法如下:

```
$ ("#test")
```

当用户点击按钮后,有 id="test" 属性的元素将被隐藏,代码如下:

```
$ (document).ready(function(){
   $ ("button").click(function(){
      $ ("#test").hide();
   });
});
```

(三).class 选择器

jQuery 类选择器可以通过指定的 class 查找元素,语法如下:

```
$ (".test")
```

用户点击按钮后所有带有 class="test" 属性的元素都隐藏,代码如下:

```
$ (document).ready(function(){
   $ ("button").click(function(){
      $ (".test").hide();
   });
});
```

jQuery 中的选择器如表 5-6 所示。

表 5-6　jQuery 中的选择器

语　法	描　述
$ ("＊")	选取所有元素
$ (this)	选取当前 HTML 元素
$ ("p. intro")	选取 class 为 intro 的<p>元素

续表

语　　法	描　　述
$("p:first")	选取第一个<p>元素
$("ul li:first")	选取第一个<ul>元素的第一个<li>元素
$("ul li:first-child")	选取每个<ul>元素的第一个<li>元素
$("[href]")	选取带有 href 属性的元素
$("a[target='_blank']")	选取所有 target 属性值等于_blank" 的<a>元素
$("a[target! ='_blank']")	选取所有 target 属性值不等于_blank 的<a>元素
$(":button")	选取所有 type=":button" 的<input>元素和<button>元素
$("tr:even")	选取偶数位置的<tr>元素
$("tr:odd")	选取奇数位置的<tr>元素

五、jQuery 事件

(一)事件

页面对不同访问者的响应叫作事件。事件处理程序指的是当 HTML 中发生某些事件时所调用的方法。例如,在元素上移动鼠标、选取单选按钮、点击元素等

在事件中经常使用术语“触发”(或激发),例如:“当您按下按键时触发 keypress 事件”。

常见 DOM 事件如表 5-7 所示。

表 5-7　常见 DOM 事件

鼠标事件	键盘事件	表单事件	文档/窗口事件
click	keypress	submit	load
dblclick	keydown	change	resize
mouseenter	keyup	focus	scroll
mouseleave		blur	unload
hover			

(二)jQuery 事件方法语法

在 jQuery 中,大多数 DOM 事件都有一个等效的 jQuery 方法。

页面中指定一个点击事件的语法如下:

```
$("p").click();
```

下一步是定义什么时间触发事件。可以通过一个事件函数实现,如下:

```
$("p").click(function(){
    //动作触发后执行的代码!!
});
```

(三)常用的 jQuery 事件方法

1. $(document).ready()方法

$(document).ready()方法允许我们在文档完全加载完后执行函数。该事件方法在 jQuery

语法部分中已经提到过。

2. click()方法

click()方法是当按钮点击事件被触发时调用的函数。该函数在用户点击 HTML 元素时执行。

在下面的示例中,当点击事件在某个<p>元素上触发时,隐藏当前的<p>元素,代码如下:

```
$("p").click(function(){
   $(this).hide();
});
```

3. dblclick()方法

当双击元素时,会发生 dblclick 事件。

dblclick()方法触发 dblclick 事件,或规定当发生 dblclick 事件时运行的函数,实现代码如下:

```
$("p").dblclick(function(){
   $(this).hide();
});
```

4. mouseenter()方法

当鼠标指针穿过元素时,会发生 mouseenter 事件。

mouseenter()方法触发 mouseenter 事件,或规定当发生 mouseenter 事件时运行的函数,实现代码如下:

```
$("#p1").mouseenter(function(){
    alert('您的鼠标移到了 id="p1" 的元素上! ');
});
```

5. mouseleave()方法

当鼠标指针离开元素时,会发生 mouseleave 事件。

mouseleave()方法触发 mouseleave 事件,或规定当发生 mouseleave 事件时运行的函数,实现代码如下:

```
$("#p1").mouseleave(function(){
    alert("再见,您的鼠标离开了该段落。");
});
```

6. mousedown()方法

当鼠标指针移动到元素上方,并按下鼠标按键时,会发生 mousedown 事件。

mousedown()方法触发 mousedown 事件,或规定当发生 mousedown 事件时运行的函数,实现代码如下:

```
$("#p1").mousedown(function(){
    alert("鼠标在该段落上按下!");
});
```

7. mouseup()方法

当在元素上松开鼠标按钮时,会发生 mouseup 事件。

mouseup()方法触发 mouseup 事件,或规定当发 mouseup 事件时运行的函数,实现代码如下:

```
$("#p1").mouseup(function(){
    alert("鼠标在段落上松开。");
});
```

8. hover()方法

hover()方法用于模拟光标悬停事件。

当鼠标移动到元素上时,会触发指定的第一个函数(mouseenter);当鼠标移出这个元素时,会触发指定的第二个函数(mouseleave),语法格式如下:

```
$("#p1").hover(
    function(){
        alert("鼠标移动到元素上触发动作p1!");
    },
    function(){
        alert("鼠标已移开p1!");
    }
);
```

9. focus()方法

当元素获得焦点时,会发生 focus 事件。

当通过鼠标点击选中元素或通过 tab 键定位到元素时,该元素就会获得焦点。focus()方法触发 focus 事件,或规定当发生 focus 事件时运行的函数,实现代码如下:

```
$("input").focus(function(){
  $(this).css("background-color","#cccccc");
});
```

10. blur()方法

当元素失去焦点时,会发生 blur 事件。blur()方法触发 blur 事件,规定发生 blur 事件时运行的函数,实现代码如下:

```
$("input").blur(function(){
  $(this).css("background-color","#ffffff");
});
```

六、家居光强调节界面程序设计

(一)创建家居光强调节界面

新建“家居光强调节界面”项目,并新建“家居光强调节界面.html”。

打开“bootstrap-5.1.3-dist”项目中的“HTML 模板.html”文件,复制模板代码,粘贴代码到“家居光强调节界面”文件中,如图 5-57 所示。

(二)创建 js 源码文件

新建 script.js 文件,如图 5-58 所示。

(三)添加 script.js 源代码

1. 创建 jQuery 入口函数

打开 script.js 文件,创建 jQuery 入口函数,实现代码如下:

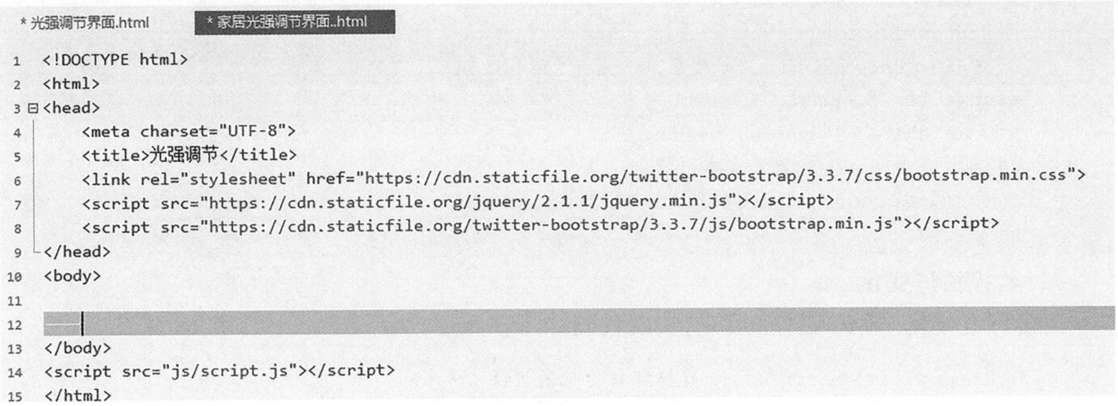

图 5-57　家居光强调节界面

图 5-58　创建 js 源码文件

```
$(function(){
})
```

代码及添加位置如图 5-59 所示。

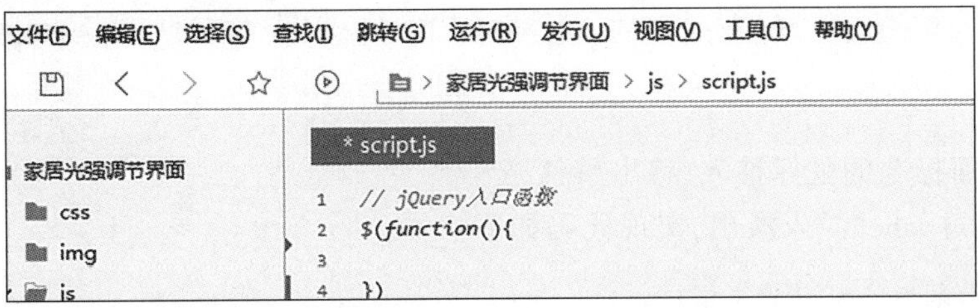

图 5-59　jQuery 入口函数

2. 在 jQuery 入口函数中添加内容

(1)获取屏幕尺寸,实现代码如下:

```
getScreen();
function getScreen(){
    //$(window)获取 window 对象,width()和 height()获取宽、高
    var width=$(window).width();
    var height=$(window).height();
//获取到节点后,text()设置文本内容
    $("#curScreen").text(width+"* "+height);
}
```

(2)监控窗口变化

若窗口有变化,则获取屏幕尺寸,实现代码如下:

```
//$(window).resize:jQuery 监控窗口变化的方法
  $(window).resize(function(){
          getScreen();
})
```

(3)绑定"lampCtrl"按钮 click 事件

绑定"lampCtrl"click 事件,并在点击事件函数中添加内容,主要有:

- 获取按钮文本。
- 获取到文本为"打开",则:
  - ◆设置文本为"关闭";
  - ◆设置"lampImg"图片为 lamp_open. png。
- 获取到文本为"关闭",则:
  - ◆设置文本为"打开";
  - ◆设置"lampImg"图片为 lamp_close. png。

```
//jQuery 绑定 click 事件
  $('#lampCtrl').on("click",function(){
          var status=$(this).text();
            if(status=="打开"){
                      //text()设置或获取文本
                      $(this).text("关闭");
                      //attr()设置或获取属性
                      $('#lampImg').attr("src","../img/lamp_open.png");
          }else{
                      $(this).text("打开");
                      $('#lampImg').attr("src","../img/lamp_close.png");
          }
})
```

(4)添加页面标题的鼠标移入、移出事件

设置鼠标移过 label 淡入淡出,实现代码如下:

```
//页面标题的鼠标移入、移出事件
  $('#animateTitle').on("mouseover",function(){
        $('#label').fadeToggle(1000);
})
```

在 script. js 文件中添加 js 代码完毕，如图 5-60 所示。

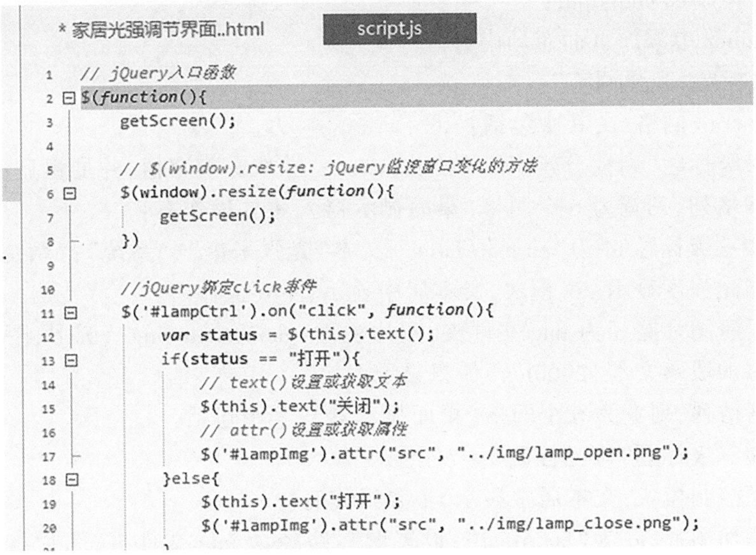

图 5-60　script. js 代码

(四)添加家居光强调节界面页面内容

1. 修改 head 中标题

打开“家居光强调节界面. html”文件，在 head 部分将文档标题修改为“光强调节”；具体实现代码如下：

```
<!DOCTYPE html>
<html>
<head>
    <meta charset="UTF-8">
    <title>光强调节</title>
<linkrel = " stylesheet " href = " https://cdn.staticfile.org/twitter-bootstrap/3.3.7/css/bootstrap.min.css">
    <script src="https://cdn.staticfile.org/jquery/2.1.1/jquery.min.js"></script>
    <script src ="https://cdn.staticfile.org/twitter-bootstrap/3.3.7/js/bootstrap.min.js"></script>
</head>
```

在 head 中添加标题代码，如图 5-61 所示。

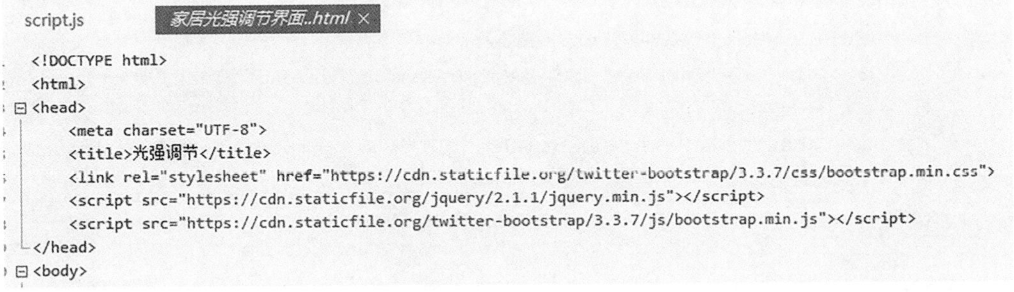

图 5-61　添加标题代码

2. 在 body 中修改和添加家居光强界面页面内容

(1)在 body 中添加 container;

(2)在 container 中添加页面布局内容。

①添加一级标题“光强调节”。

②添加 Bootstrap 网格行,其中包括:

a. 添加四级标题“当前分辨率”,从“curScreen”获取分辨率值,并加粗显示。

b. 创建网格列,列宽为 6 个网格(桌面显示器),主要操作有:

- 添加三级标题 id 为“animateTitle”,文本“光强采集”、“系统”;“系统”id 为“label”。
- 添加光强度显示 div 模块,文本居中显示,主要操作有:
  - ◆ 设置图片路径为 img 文件夹,图片名称“guangzhao. png”,圆形,图片宽度 150px。
  - ◆ 添加段落文本“2000lux”加粗显示。

c. 创建网格列,列宽为 6 个网格(桌面显示器),其中包括:

- 添加三级标题“灯光控制”。
- 灯光控制模块,文本居中显示,主要操作有:
  - ◆ 添加图片,id 为“lampImg”;设置图片路径为 img 文件夹,图片名称“lamp_close. png”,圆形,图片宽度为 150px。
  - ◆ 添加按钮,id 为“lampCtrl”,文本为“打开”添加一级标题“用电统计”。

具体实现代码如下:

```
<body>
<div class="container">
    <h1>光强调节</h1>
    <div class="row">
        <h4>当前分辨率:<strong id="curScreen"></strong></h4>
        <div class="col-md-6">
         <h3><span id="animateTitle">光强采集</span><span class="label label-
default" id="label">系统</span></h3>
         <div style="text-align:center;">
             <img src="../img/guangzhao.png" class="img-rounded">
             <br/>
             <p><strong>2000lux</strong></p>
          </div>
        </div>
        <div class="col-md-6">
          <h3>灯光控制</h3>
          <div style="text-align:center;">
             <img id="lampImg" src="../img/lamp_close.png" class="img-rounded">
             <br/>
             <button class="btn btn-default" id="lampCtrl">打开</button>
          </div>
    </div>
  </div>
</div>
</body>
```

3. 引入外部 js 文件

在 html 文件中引入外部 js 文件 script. js,实现代码如下:

```
</body>
<script src="../js/script.js"></script>
</html>
```

在 body 中添加家居光强界面页面内容代码完毕,如图 5-62 所示。

温湿度调节界面.html

```
<body data-spy="scroll" data-target="#myScrollspy">
<div class="container">
    <div class="jumbotron">
        <h1>温湿度调节</h1>
    </div>
    <div class="row">
        <div class="col-xs-3" id="myScrollspy">
            <ul class="nav nav-tabs nav-stacked" id="myNav">
                <li class="active"><a href="#section-1">温度</a></li>
                <li><a href="#section-2">湿度</a></li>
            </ul>
        </div>
        <div class="col-xs-9">
            <h2 id="section-1">温度</h2>
            <div class="fakeimg">
                <img src="img/wendu.png" width="120px" />
                <span>当前温度: <strong>25.8</strong> </span>
            </div>
```

图 5-62　页面内容代码

(五)运行效果展示

HTML 页面及 JavaScript 编写完成后,通过浏览器查看页面。浏览器正常显示状态下运行效果如图 5-63 所示。

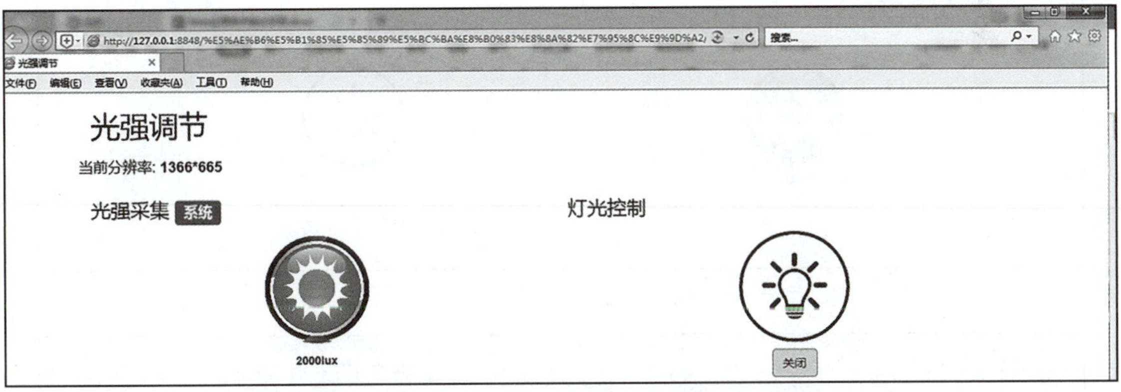

图 5-63　正常显示状态下的运行效果

当浏览器页面尺寸缩小、分辨率变化时,显示效果如图 5-64 所示。

当鼠标移入或移除"光强采集"标题,"系统"字样会显示或隐藏。显示效果如图 5-65 所示。

当点击按钮时,按钮的字样及灯光控制区域的图片会发生变化,显示效果如图 5-66 所示。

任务小结

通过本任务的学习,读者可以掌握 jQuery CDN 方式的引用、jQuery click 事件的使用,以及 jQuery 鼠标移入或移除事件的使用。

图 5-64　窗口缩小后运行效果

图 5-65　“系统”字样隐藏运行效果

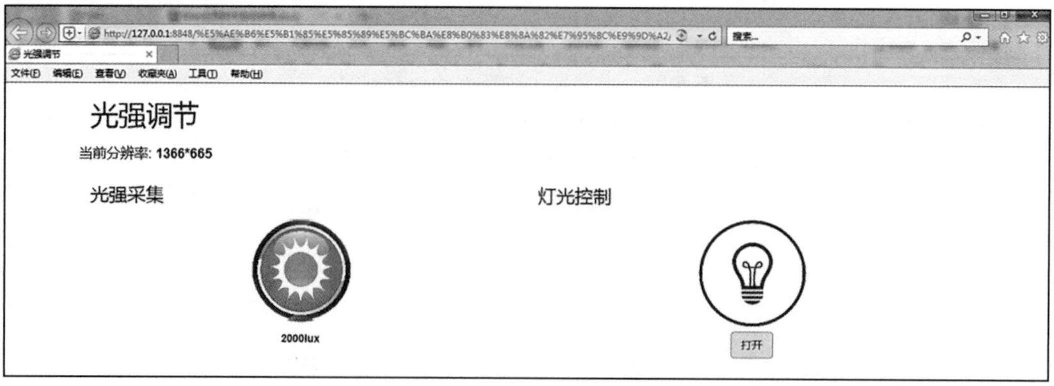

图 5-66　灯光关闭后运行效果

思考与练习

一、填空题

1. 在一个表单中，如果将所有的div元素都设置为绿色，实现该功能的代码是________。

2. 在jQuery中，当鼠标指针悬停在被选元素上时要运行的两个方法，实现该操作的代码是________________。

3. 在jQuery中，想让一个元素隐藏，用________实现，显示隐藏的元素用________实现。

4. jQuery的________可以给现在元素附加新的元素。

5. jQuery中的选择器大致分为________、________、________、________。

6. ____________方法用于处理命名冲突。

二、判断题

1. ( )window.onload必须等到页面内包括图片的所有元素加载完毕后才能执行。

2. ( )on()方法在被选元素及子元素上添加一个或多个事件处理程序。

3. ( )$("this")表示使用标签选择器，查找名为this的标签。

4. ( )nextAll()不能替代$('prev~siblindgs')选择器。

5. ( )在一个网页中一个id可以用很多次。

6. ( )在jQuery中可以用replaceWith()和replaceAll()替换节点。

7. ( )$('prev~div')能选择所有的同辈元素。

8. ( )在jQuery中，addClass()方法可以用来设置和获取样式。

9. ( )$.getScript()方法可以加载.js文件，需要对javascript文件进行处理。

10. ( )delegate()方法为指定的元素(属于被选元素的子元素)添加一个或多个事件处理程序，并规定当这些事件发生时运行的函数。

11. ( )jQuery的load()方法中，data参数是必须的。

12. ( )nextAll()方法返回被选元素的所有跟随的同胞元素。

13. ( )parent()方法返回被选元素的所有祖先元素，它一路向上直到文档的根元素。

14. ( )toggle()方法在被选元素上进行hide()和show()之间的切换。

15. ( )$('div>span').css('color','#FF0000');的作用是选取div下的所有span元素，将字体颜色设为红色。

16. ( )jQuery是一个JavaScript库。

17. ( )通过jQuery，$("div.intro")能够选取的元素是class="intro"的首个div元素。

18. ( )jQuery.ajaxAsync()方法用于执行异步HTTP请求。

19. ( )jQuery是W3C标准。

20. ( )jQueryget请求会将参数跟在URL后进行传递，而POST请求则是作为HTTP消息的实体内容发送给Web服务器的，这种传递是对用户不可见的。

三、选择题

1. 如果想被选元素之后插入HTML标记或已有的元素，下面( )是实现该功能的。

A. append(content)　　B. appendTo(content)

C. insertAfter(content)　　　　D. after(content)

2. 在 jQuey 中，如果想要从 DOM 中删除所有匹配的元素，下面（　　）是正确的。

A. delete()　　B. empty()　　C. remove()　　D. removeAll()

3. 在 jQuery 中，如果想要获取当前窗口的宽度值，下面（　　）是实现该功能的。

A. width()　　B. width(val)　　C. width　　D. innerWidth()

4. 栅格系统小屏幕使用的类前缀是（　　）。

A. . col-xs-　　B. . col-sm-　　C. . col-md-　　D. . col-lg-

5. 可以把导航固定在顶部的类是（　　）。

A. navbar-fixed-top　　B. navbar-fixed-bottom　　C. navbar-static-top　　D. navbar-inverse

6. 下列关于栅格系统说法正确的有（　　）。

A. 栅格系统每一行不能少于 12 列。

B. 通过"行(row)"在水平方向创建一组"列(column)"。

C. "行(row)"必须包含在 . container(固定宽度)或 . container-fluid(100% 宽度)中，以便为其赋予合适的排列(aligment)和内补(padding)。

D. 如果一"行(row)"中包含了的"列(column)"大于 12，多余的"列(column)"所在的元素将被作为一个整体另起一行排列。

四、简答题

1. 什么是 BootStrap 框架？

2. HTML、CSS 和 BootStrap 框架的关系是什么？

3. col-md-push-6、col-md-offset-6、col-md-pull-6 这三个类分别表示什么含义？

4. 什么是 jQuery？

5. 简述 domready 和 onload 事件的区别。图片的 onload、domready、页面 onload 的先后顺序是什么，并简述原因。

6. window. onload()函数和 jQuery 中的 document. ready()函数有什么区别？

附录 A
缩略语

缩写	英文全称	中文全称
API	application program interface	应用编程接口
CSP	customer service platform	客户服务平台
DAS	data access service	数据访问服务
DB	database	数据库
EJB	enterprise javaBeans	企业 JavaBeans
GMS	group management service	组管理服务
HTTP	hyper text transport protocol	超级文本传送协议
IOC	inversion of control	控制反转
Java EE	java platform enterprise edition	Java 平台企业版
JDBC	java database connectivity	Java 数据库连接
OID	object identifier	对象标识符
OM	operation and maintenance	操作及维护
POJO	plain ordinary java object	简单无规则 Java 对象
SDO	service data object	服务数据对象
SQL	structured query language	结构化查询语言
URL	universal resource locator	统一资源定位器
UI	user interface	用户界面
UOA	uniform om agent	统一网管代理
XML	extensible markup language	可扩展标记语言

参 考 文 献

[1]迈耶. CSS 权威指南:第 3 版[M]. 尹志忠,侯妍,译. 北京:中国电力出版社,2007.
[2]罗布森,弗里曼. Head First HTML 与 CSS:第 2 版[M]. 徐阳,等译. 北京:中国电力出版社,2013.
[3]费拉纳根. JavaScript 权威指南:第 6 版[M]. 淘宝前端团队,译. 北京:机械工业出版社,2012.
[4]桑德斯. 高性能网站建设指南[M]. 刘彦博,译. 北京:电子工业出版社,2008.